インターネット文化論
A Study of the Internet Community's Culture
―― その変容と現状

櫻庭太一［著］

専修大学出版局

はじめに──インターネットにおけるコミュニティの存在

　インターネット、そしてパーソナルコンピュータという言葉が普及する遥か以前の1968年、当時放映されていたアメリカのテレビSFドラマシリーズ「STAR TREK」[1]の１エピソード The Ultimate Computer [2] に次のような台詞が登場する。

　"Computers make excellent and efficient servants, but I have no wish to serve under them."
　（コンピュータはすばらしく有能な召使いにはなれますが、しかし、その下で仕えたいとは思いません）　　※日本語訳は櫻庭

　これは人間をはるかにしのぐ能力を持つ「究極のコンピュータ」の登場に愕然とする主人公・カーク船長に対し、部下であり友人でもある半（ハーフ）バルカン星人・スポックが投げかける言葉だ。ここでスポックは劇中に登場するコンピュータ（「Ｍ５」と名付けられている）の優秀性は認めつつ、いかにコンピュータの能力が向上しようと、その本質が人間を完全に代替し得るものではないことを語る。
　この視点は、当時（そして現在も）のコンピュータに対する「非人間的」で「理解しにくい（正体不明）」といったネガティブイメージを垣間見せると同時に、今日に通じるある視点をもって我々の前に立ち上がってくる。
　例えば、前掲スポックの台詞の、Computers（コンピュータ）にあたる箇所を Internet（インターネット）と置き換えてみたらどうだろうか。「インターネットはすばらしく有能な召使いにはなれますが、その下で働きたいとは思いません」というふうに。

"召使い"や"その下で働く"という拙訳のため語感がどうもこなれないが、元々の台詞が語る内容は、原典登場から40年が経過した今でも同じように解釈することができる。つまり、「いかにインターネットの能力が向上しようと、その本質が人間を完全に代替し得るものではない」ということだ。

これは本来、至極当然の事を言っているに過ぎない。いかに高度な情報システムを使おうと、それを使うのは結局のところ人間であり、インターネット上の様々な機能も情報コンテンツもすべて人の手によるものだ。

1960年代末、奇しくもSTAR TREKの放映と同じ時代に国防システムの一環として開発・登場したインターネットは、その後1990年代初頭のWorld Wide Web[3]登場と商用利用の解禁によって一挙に我々の日常に浸透した。今日も日本国内での普及率68.5パーセント、利用人口は8700万人を超える重要な生活インフラとして機能し続けている。またコンピュータハードウェア、ソフトウェア両面の発達によって日々新たな機能、そしてサービスが登場し、コミュニケーションや表現、流通メディアとしての発展も著しい。

だがその一方で、そうした内部における活動のイメージは輪郭が不明瞭で、時にネガティブな先入観によって語られることが多かった。犯罪誘発や著作権侵害、プライバシーの漏洩、攻撃的で非生産的な論争、そして虚構がまかり通る"悪の空間"としてのインターネットに対する警戒感は、程度の差こそあれ現代の社会の中に根強く存在する。無論そうした警戒や批判の中には真剣に耳を傾けなければならないものも多い。しかしそれらのネガティブイメージは、どこかにインターネット空間そのものを非人間的、機械的な感情や判断によって構成される異次元的な空間——時に「仮想空間」「仮想社会」という謂で表されるように——という漠然とした恐れ、あるいは不安として捉えられてはいないだろうか。そしてそうした感覚的な忌避感が、時にその中での活動や創作物への見方に無自覚な先入観を与えているのかもしれない。本論における目的の一つは、そうした「非人間的空間」としてインターネットを捉えることに対する疑義を提出することである。

インターネットのコンテンツは人によって生み出されている。それは当り

前のことだ。ではその「人」はどのような形で、どのようなものを作り出しているのか。その輪郭を描き出すため、本論ではインターネット上でさまざまな活動を行う人的集団を「インターネット・コミュニティ」という概念、単位で捉えることとした。ここでいう「コミュニティ」とは、簡単に言えば「インターネット上での人の集まり」だが、これだけでは具体性を欠くため、1章以降の本論内容に沿って以下の定義を加えることとした。

①主にインターネットのサービス上におけるものであること
②帰属意識を持つメンバーによって構成された人的集団であること
③その活動がインターネット上でのなんらかのサービスやソフトウェア、あるいは（自集団の主義主張を広めることも含めた）コンテンツの拡大・充実に向けて行われていること

　上掲3点のうち、①は活動環境についての大前提である。また②は例えば「2ちゃんねる」ユーザーの一部が「自分たちは"2ちゃんねらー"だ」あるいは「VIP板住人だ」と名乗るような自覚的なカテゴライズが行われている、あるいはシステムとしてそれを代替するものがあることを指す。単に「○○コミュニティ」と名付けられたサイト、あるいは単に利用頻度が多いサイトはこれに含まれない（例えば検索サイトYahoo!を毎日利用するユーザーを、それだけでYahoo!コミュニティの一員である、とは見なさないように）。
　次に③は、①とつながるが、その集団の目的や活動が一貫してインターネット上にあることを指している。例えば、友人との断続的なメールのやりとりや、大学のサークルの連絡用電子掲示板、あるいは政党ホームページの常連ユーザーなどは、最終的な目的（や交流）がインターネット外であることを前提としているため、本論における「コミュニティ」には含まれない。
　こうした「インターネットコミュニティ」の実例として、本論では「パソコン通信コミュニティ」から「2ちゃんねる」等のインターネット以前もし

くは普及初期から存在するコミュニティの他、「Youtube」や「ニコニコ動画」といった動画共有サイト、またブログ、SNS等、近年（2000年以降）に「Web2.0」という概念とともに隆盛を見せている比較的新しいコミュニティについて取り上げた。これらの活動を通じ、インターネットをめぐる環境がどのように変容しその本質を明らかにしていったのかを探る。さらに「データベース」としてのインターネットの本質を体現するモデル・ケースとして、「Wikipedia」の活動とその実態を取り上げている。同プロジェクトはインターネット上の百科事典作成プロジェクトとして類例の無い成功を収めると同時に、検索サービスとの結びつきや簡易なユーザー参加方法を採用することでインターネット上におけるプレゼンスを著しく拡大した。だが同時に信頼性やプライバシーをめぐる問題を数多く抱え、それを打開するために別プロジェクトが立ち上げられる等、未だ不安定な状況のままだ。3章ではそうした点に対する"私案"の提案とともに、Wikipediaの可能性と課題について検討していく。

　また4章では「ケータイ小説」コミュニティを分析対象の一つとした。これは本論のもう一つの目的である、インターネット環境の変容と既存メディアとの関わりが生み出した創作環境の変化、その現状と課題を探る手がかりと視点を用意するためである。

　以上、本論全体における「コミュニティ」の定義とそのサンプルを挙げた。本論の基本的な狙いは、黎明期から現在までのインターネットの技術的、メディア的発展と変容の意義付け、それがインターネットとそれを取り巻く他のメディアとの関係にどのような変化を及ぼしているのかを探る点にある。そしてその発展と変容とに通底するのは、我々がインターネットと向き合いその変化を見据えるという事は、結局インターネットコミュニティと、すなわち我々自身と向き合うということに他ならないということ、すなわちインターネットの今後における「人」の、そして既存メディアの役割の重要性を指摘しようというものだ。

　そしてその重要性は、インターネット環境が長足の進歩を遂げた今日、よ

り大きなものとなっていると言えよう。

　なお、本稿全体に渡って、World Wide Web 上、すなわち今日一般に「インターネット」と呼ばれるネットワーク上で提供されているサービスあるいは活動を行うコミュニティをそれぞれを「インターネット〇〇」（例：インターネットコミュニティ）と呼んでいる。技術的厳密性からは外れるが、総括的かつ一般的な視点からそれぞれのコミュニティあるいはサービスを捉えるための用語として使用した。また、「インターネット上のウェブサイトあるいはソフトウェアによって提供される機能」を指して「サービス」という表現を使っている。これは主にオペレーティングシステムやコンピュータネットワーク上でソフトウェアの役割について述べる際の用法だが、言い換えや他の用語による説明が煩雑となるため上記の定義として使用している。

　本書でとりあげた各 Web サイトおよびサービスの URL、名称、機能は、特に注記のない限り2008年9月時点のものである。

　本論文は筆者が専修大学大学院文学研究科に在籍中の研究をまとめたものであり、平成21年度の専修大学課程博士論文刊行助成を受けてこの度刊行の運びとなった。ここに改めて、本研究はもちろん、大学院生活全般にわたってご指導を頂いた同研究科教授・柘植光彦先生に深謝の意を表する。また同研究科教授・高橋龍夫先生、川上隆志先生には、副査として論文の各所にわたりご指導を頂いた。ここに深謝の意を表する。同研究科教授・板坂則子先生、権田萬治先生からも常に貴重なご意見、ご指導を頂いた。ここに深謝申し上げたい。また、柘植研究室、板坂研究室、権田研究室の院生各位にも、日頃より有益な多くのご助言を頂いたことに感謝の意を表する。

　最後に、論文執筆をふくめ大変困難な時期に私を支えてくれた家族に、心から感謝する。

2010年1月

櫻庭　太一

注

1） 「STAR TREK」は、1966年9月から1969年6月まで米国NBCネットワーク上で放映されたSFテレビドラマ。23世紀の未来を舞台に、カーク船長率いる惑星連邦の調査船・エンタープライズ号の面々が宇宙探検へ挑む。その後続編製作や同じ世界観によるシリーズ化が行われ、現在でも強い人気を持つ。日本でも1969年から「宇宙大作戦」のタイトルで放映されている。全80話。

2） The Ultimate Computer は、SFテレビドラマ「STAR TREK」の第53話。1968年3月8日放映。日本放映時のタイトルは「恐怖のコンピュータ M-5」。宇宙調査船の操艦から人員の指揮まで、人間を遙かにしのぐ能力を見せる新型コンピュータM5の暴走による危機と、人間特有の「感情」を理解することでそれに立ち向かうカーク船長たちの活躍を描く。

3） 欧州原子核研究機構（CERN）のソフトウェア技術者だったTimothy. J. Berners-Lee により、彼が構想していたハイパーテキストによる情報システムの実装として1990年11月に登場した。なお本文末尾でも述べているが、現在インターネットと呼ばれている情報サービスの殆どはこのWorld Wide Webを指している。

〈目　　次〉

インターネット文化論
　　──その変容と現状──

はじめに

第1章　現代のインターネット変容
　　　——「Web（ウェブ）2.0」の概念の本質—— ………1

第1節　「Web 2.0」の登場 …………………………………2
第2節　「Web 2.0」の技術的実例とその展開
　　　——検索サービスとの連携—— ………………4
第3節　インターネットのデータベース化と創作・文学環境の変化 ………………………………14

第2章　日本におけるコンピュータ・ネットワークの発達とコミュニティの形成 ………25

第1節　パソコン通信の時代からインターネット普及まで………26
第2節　1990年代末期のインターネットコミュニティと
　　　『2ちゃんねる』の登場 ……………………………29
第3節　『電車男』に見られるインターネットコミュニティと
　　　作品のメディア展開 ………………………………33
第4節　2000年代以降——動画共有サービスとSNSサイト ……41
第5節　SNSサイトにおけるコミュニティ………………………49
第6節　「mixi」の展開と意義 …………………………………50

第3章 「Wikipedia」の現状と問題点 …………………… 69

第1節 「Wikipedia」の概要 …………………………………… 70
第2節 「Wikipedia」利用の実際 ……………………………… 72
第3節 「Wikipedia」の技術的背景と初期の展開 …………… 75
第4節 創始と運営機関 ………………………………………… 80
第5節 Wikimedia財団および各プロジェクトの運営構成 …… 81
第6節 「Wikipedia」の成功要因 ……………………………… 85
第7節 「Wikipedia」の抱える問題点 ………………………… 88
第8節 「Wikipedia」と類似プロジェクト──先行者としての
「Nupedia」と試みとしての「Citizendium」 …………… 92
第9節 「Wikipedia」以降のインターネット百科事典のあり方
について …………………………………………………… 97

第4章 ケータイ小説コミュニティとその作品
　　　　──迷走するコミュニケーション・ツールとしての小説──
　　　　…………………………………………………………… 113

第1節 「ケータイ」で読む「小説」 ………………………… 114
第2節 「魔法のｉらんど」とケータイ小説『恋空』の概要 … 118
第3節 ケータイ小説への評価とまなざし …………………… 127
第4節 ケータイ小説の傾向とその「限界」 ………………… 133

第5章　現代のインターネット変容とその本質 ……141

　第1節　各コミュニティの展望 …………………………142
　第2節　今後の「インターネット上の創作環境」をめぐる課題 …150

参考文献　　157

第 1 章

現代のインターネット変容

―― 「Web(ウェブ) 2.0」の概念の本質 ――

第 1 節　「Web 2.0」の登場

Web 2.0とは

「Web 2.0」という概念がある。日本でも2000年代半ばにコンピュータ雑誌や経済誌をはじめさまざまな媒体に登場し、一時一世を風靡した言葉だ。

Web 2.0の一般的な定義は「インターネット上でこの数年間に発生したWeb上の環境変化とその方向性（トレンド）をまとめたもの」（『Web 2.0 BOOK』小川浩・後藤康成、2006年）とされる。上記で言う「この数年」とは、個人と商用両面におけるインターネット利用が拡大かつ本格化した2000年から2005年前後を指し、その時期はまさに今日インターネットサービスの中心となっている「ブログ」やSNS、また検索サイトとして大きくその規模を成長させた「Google」の登場など、今日インターネット上で広く利用され、主流となっているサービスやサイトの誕生そして成長期でもあった。その意味でWeb 2.0とは、サービス群に対する呼称であると共に、インターネットサービスが充実し多くのユーザーの日常にとって必要不可欠なツールとして完成しはじめた段階（ステージ）に対する呼称であるとも言える。

そもそもこのWeb 2.0は、米国のIT系出版社O'Reilly Media社[1]の社内で使われ始めた造語が元であり、同社CEO（最高経営責任者）のTim O'Reillyが社内会議の席上で上記のウェブサービスの登場と浸透を指してそう名付けたことが始まりとされている[2]。この際、Tim O'Reillyは旧来、すなわち1990年初頭以降に普及していた旧世代のウェブ（HTMLファイルとその内部に記述されたリンクによって構成されたウェブの構造）を「1.0」とし、それに続く現代的なウェブの謂としてWeb 2.0という呼称を用いた（なお、「2.0」のようにわざわざ小数点以下の桁を表現する手法は、コン

ピュータソフトウェアのバージョンを表記する際によく使われるもので、ここではインターネット上のサービス全体を単一のソフトウェア、あるいはサービスになぞらえてそのように呼称しているものと思われる）。

　このWeb 2.0は、2004年10月に開かれた同社主催の「Web 2.0 Conference」、また翌2005年10月の第2回「Web 2.0 Conference」を経て、インターネットビジネスおよび出版物、マスコミ報道の中に登場するようになった。

　だが、特に新聞、雑誌等の一般メディアにおいてはとかく目新しさを強調し、「次世代サービス」が一気に登場したかのような扱いを受けたためかえってその実相がわかりにくくなったことは否めない。現在はもはや一時の流行語（いわゆる"バズワード"[3]）的扱いを受け、あまり顧みられることは無くなっている。

　だが、ビジネストレンドとしてのWeb 2.0、メディア論を語る書籍類の題材としてのWeb 2.0は、確かに日々新たな展開を見せるインターネット世界の中で、ほんのひととき注目されただけの"バズワード"に過ぎなかったかもしれないが、この際にWeb 2.0としてまとめられたインターネット上のサービスが示した情報の利用法やその上のコンテンツ同士の関係性は、決して「一時の流行語」のレベルに留まるものではない。それはインターネットの担う（あるいは担った）役割を改めて我々に総括し、明示し、さらに次なる段階のインターネットを考察する上での基準点として捉えることができるのではないか。

　では具体的にWeb 2.0とはどのようなものであったのか、そしてそれが示す"転換"とはどのようなものであったのか。それが日本におけるインターネット環境、そして文学、表現領域においてどのような影響を持ち得たのか（あるいは持ち得なかったのか）を検討する前に、その実相について以下に述べていこう。

第2節　「Web 2.0」の技術的実例とその展開
　　　　──検索サービスとの連携──

　今日、Web 2.0の実例として取り上げられるインターネット上のサービスには、「Weblog」（ウェブログ、今日一般では"ブログ"の呼称が定着している。本稿では以下"ブログ"の表記を用いる）や mixi、GREE などの「ソーシャルネットワーク・システム（SNS）」、あるいは検索サイト Google が提供するウェブメールサービス Gmail（http://www.gmail.com）、また本論第3章でも取り上げるインターネット百科事典「Wikipedia」などが挙げられるが、こうして複数の事例が挙げられることからもわかるとおり、Web 2.0とは特定の技術やサービスを表す言葉ではなく、今日ウェブ上で主流となっている（Web 2.0という言葉が誕生した当時にあっては勃興段階にあった）サービスの様相やその変化を漠然と示す、きわめて曖昧な言葉であると言えよう。

　そこで、ここではその具体例をいくつか示しながら、「Web 2.0」の特徴とそう呼ばれるサービスの展開を追っていくこととしよう。

その技術的特徴

　まず「XML」という技術仕様がある。これは「EXtensible Markup Language（拡張可能なマーク付け言語）」という意味を持つ、ウェブページのデータを記述するマークアップ言語[4]を定義するための言語（メタ言語）だ。XMLは「Extensible（拡張可能）」という名称由来が示す通り、作成者が独自に機能を設定したタグ（マークアップ言語において、文書の構造や見え方を指定するための符号）を設定でき、文書（インターネット上であればウェブページ）の見え方や構造、機能をきわめて柔軟に設定することができる。そのため、単にHTMLで記述され、リンクで結ばれただけのウェブペー

ジで構成されていた従来のウェブよりもデータの連携をより簡易に行うことができる。

　こうしたXMLの利点が活用された代表例が、2000年以降、急速に普及した「ブログ」サービスである。ブログ（前述の通り、元来の表記はWeblog）はそのほとんどがXMLの規格に準拠したHTMLの拡張版であるXHTMLで構成されており、パーマリンクというページ固有のURLを用いることでページ単位でリンクを張ることができる。また、他のブログの記事に自分のブログ記事へのリンクを張る「トラックバック」という仕組みを提供することによって、（ブログサービス上で作成された）ウェブページ間のリンクを相互的で安定したもの[5]にでき、結果としてより密度が高く使いやすい情報データベースをインターネット上に構築できる。こうした利点とブラウザ経由で簡単に情報の編集・追加が可能となった点が受け入れられ、ブログはかつてのように「テキストエディタでHTMLタグを編集、あるいは専用のホームページ作成ソフトを使う」という手法に代わって、個人のウェブサイト構築（あるいは企業・著名人による情報発信手段）の主流となった。

　またブログの更新情報を通知するのに使われているRSSフィールドや、Amazonなど大手商用インターネットサイトでのアフェリエイトプログラム[6]、またGoogleアドセンス[7]の広告配信などでもXMLの技術が利用されている。

　こうしたXMLの特性から、Web 2.0的とされるウェブサービスの特徴としては以下の4点が挙げられる。

1）その作成や操作が簡易であること。
2）データを汎用性の高い形式（例えばテキストデータ）として扱うことで、他のソフトウェアやウェブサイトでもそのまま、あるいは簡易な変換で利用できる等、情報の再利用がしやすいこと。
3）既存の環境でそのまま利用できる（特別なソフトウェアの導入をしなくても済む）。

4) 3) に関連して、新規のハードウェアや技術に依存したものではなく、以前から存在した技術や規格の組み合わせや利用方法の工夫によって構築されていること。

いずれも基本的に従前から存在した機能、あるいはソフトウェア利用の手法を利用しており、また技術的にも「Web 2.0」を前提として新たに開発されたというものではない。またそこで生成されるデータも、XMLの例を見れば分かるとおり汎用性が高く、さまざまなコンピュータ環境下（多様なハードウェアや、オペレーティングシステムを筆頭とするソフトウェア環境の下）において作成、閲覧、編集が可能なものとなっている。

実際に Tim O'Reilly が挙げた Web 2.0 サービスの例と、旧来のウェブサービス（Web 1.0）の対比が表1である。

表1

Web 1.0	Web 2.0
DoubleClick （ページ中の広告バナーをダブルクリックする）	Google AdSense （2章 8)参照）
Ofoto （写真をウェブサイト上にアップして閲覧させる米国のサービス）	Flickr （2章 9)参照）
Akamai （サーバによる高速コンテンツサービス）	BitTorrent （P2Pによる音楽配信サービス）
mp3.com （無料の音楽共有サービスサイト）	Napster （P2Pによる音楽配信サービス）
Britannica Online （紙媒体の百科事典として著名なブリタニカ大百科事典のオンライン版。有料）	Wikipedia （Wikiソフトウェアによるインターネット百科事典。無料）
personal websites （個人のHTMLによるウェブサイト）	blogging （ブログサービス。本文参照）
evite （カレンダー、イベント情報等の共有サービス）	upcoming.org and EVDB （カレンダー、イベント情報等の共有サービス。API(1)公開によって連携したサービス構築が容易。）
domain name speculation （ドメインネームへの投機(2)）	search engine optimization （検索エンジンの最適化。本文参照）
page views （ページ閲覧数の重視）	cost per click （クリック毎の単価）

第1章　現代のインターネット変容

screen scraping (ウェブページから自分で情報を収集する)	web services (ウェブサービスによる情報提供)
publishing (出版＝情報の一極的、独占的な供給)	participation (多極的な情報の所有、持ち寄り)
content management systems (一極的な情報管理、編集)	wikis (多極的な情報管理、編集。3章参照)
directories (taxonomy) (ディレクトリによる階層型情報管理。分類は一面的)	folksonomy (タグ付けによる情報管理。多面的な分類が可能で、検索に適している)
stickiness (機能やサービスの集中、長大化)	syndication (単機能のつなぎ合わせることによって多様な機能やサービスを提供する(3))

(※O'REILLY社のウェブサイト「What IS Web 2.0」http://oreilly.com/web 2/archive/what-is-web-20.html より引用)

(1) API……Application Programming Interface の略。ソフトウェア同士の通信や機能連携を円滑に行なうための仕組み、あるいはそのための手続きや仕様を指す。つまり「APIが公開される」ということは、そのソフトウェアを他のソフトウェア上で、あるいはウェブサイト上で再利用することが容易になるという意味を持つ。Googleを例に挙げると、Googleの検索プログラムを他のアプリケーションやサービスから簡単に利用できるため、「自分の作成したデータベースに Googleの検索機能を搭載する」「その検索結果と、Googleによるウェブサイト検索の結果を連動させる」といった仕様実現が、一からソフトウェアを開発するよりも遥かに容易となる。

(2) ドメインネームへの投機……「ドメイン（domain）」とはネットワーク上でコンピュータやサーバに割り振られる固有の名前。「www.scnshu-u.ac.jp」や「www.yahoo.co.jp」の下線部にあたる部分を指す（本来ネットワーク上でコンピュータの識別に使用されるのはIPアドレスと呼ばれる数字列によって構成された情報だが、これではわかりにくいため、DNS（Domain Name System）サーバを経由して人間にも憶えやすい文字列に変換する）。検索サービスが発達していない時期にはこのドメインネームがわかりやすく、憶えやすいことがウェブサイトへのアクセスを増やす（あるいはインターネット上での知名度を上げる）重要な要素であったため、著名な個人や企業、また商品名の含まれるドメイン獲得が盛んに（高額での買い取りを狙う投機目的のものも含めて）行なわれた。

(3) syndication……一つのアプリケーションやウェブサービスで複数の機能を提供し完結させるのではなく、検索やウェブメール、画像配信等、それぞれの機能に特化したサービスを連合（syndicate）させることでより柔軟かつ完成度の高い機能をユーザーに提供する手法。例えばGoogleが「Gmail」（ウェブメール）や地図情報の「Google Map」、また子会社「Youtube」による動画配信等、単一で完成度の高いサービスを同社の「検索」機能を軸に連結させ、ユーザーを結果的に「Googleの提供するサービス」の中に

囲い込むことに成功しているケースが挙げられる。従来のポータルサイトのように、一つのサイトに多数並べられたメニューやリンクを経由して目的の機能に到達させるのではなく、「検索結果」から直接さまざまな機能（検索語彙に関連する商品、地図、画像や動画へのアクセス）を呼び出す手法を採用することで、より情報利用のしやすい、簡単かつ柔軟性の高いインターネット利用法をユーザーに提供した点が、本文内でも取り上げる Google 発展の基礎となったと言えよう。2008年現在では、Google 以外の検索サイト（「Yahoo！」等）も同様に検索結果から多様な機能を呼び出すことのできる情報提供手法を採用している。

　この表に示した通り、Tim O'Reilly が Web 2.0として分類しているサービスには、インターネット百科事典サイト Wikipedia（またその技術背景としての wiki ソフトウェア）や先に挙げた「ブログ（表中の "blogging"）」など、ユーザーが自発的にコンテンツを構築し蓄積するタイプのもの、「Flickr」や「Napster」、「BitTorrent」などコンテンツを共有するタイプのもの[8]、また「Google アドセンス（Google Adsence）」や「検索エンジンの最適化（search engine optimization）」、タグ付けによる情報整理（tagging （"folksonomy"））」といったインターネット上の情報の検索と分類に関わるもの、という3つのパターンに大別できる。
　特に情報検索・分類における変化と発展は、今日のインターネットの技術的、またメディア的な本質に大きな影響を及ぼしているといえよう。たとえば表中の「検索エンジンの最適化」という点から見れば、1990年代半ばまでのインターネット普及初期においては、「インターネット上にどのような情報（ウェブサイト）があるのか」を調べる手段の主流は、ポータルサイトを経由し、カテゴリ分けされたウェブサイトのリンク一覧（図1）から探すというもの（表1の「directories（taxonomy）」にあたる）だった。

第1章　現代のインターネット変容　9

図1　カテゴリ分類の例

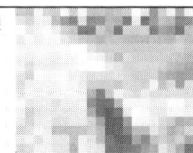

　検索サイト「Yahoo！」におけるカテゴリ一覧の分類例（画面は部分）。上の一覧から自分の目的にあったリンクをクリックし、下画像のようなサイトリンクへとアクセスする（例示画面では「SF作家」のカテゴリを選んでいる）。

「2.0以前」のウェブ

　こうした状況の背景には、当時まだインターネット検索の技術が発達しておらず、ネット上から目的の情報を（しかも効率よく）得るためには、人力によるサイト分類に頼らざるを得なかったという点が指摘できる。実際に1994年に開設され、のちに世界最大のポータルサイト[9]へと発展した「Yahoo！」[10]も、当初その機能の中心はスタッフによって登録された、あるいはサイト開設者によって登録申請されたウェブサイトのカテゴリ別リンク集であり、今日のようなキーワードによるウェブ検索は補助的な手段として用意されていたに過ぎなかった（検索エンジン自体が、「goo」をはじめ他社技術に依存したものであったことからみても、同社が当時キーワードによるウェブ検索機能[11]をそれほど重視していなかったことが窺える）。

　キーワードを使ったウェブ検索は、当時もそして2008年の時点においてもいわゆる「ロボット検索」が主流となっている。ロボット検索とは一般に「クローラー（Crawler、"這い回るもの"の意）」と呼ばれるプログラムによってウェブサイトの情報を網羅的に収集、それを検索に適した形式のデータに修正してから検索サイトが持つ専用のサーバに蓄え、実際に検索を行なったユーザーに情報として提供するもので、手動による分類やリンクの収集に比べ高速かつ大量にインターネット上の情報を収集できるという利点がある。しかし、先にも述べたように1990年代半ばまでのロボット検索はその技術的な限界から精度があまり高くなかったため、その結果から目的に合致したウェブサイトを正確に、効率よく探すことは今日ほど容易ではなかった。十分に情報が蓄積、整理分類された専門サイトと、単に入力した語がいくつか含まれているだけのサイトとの区別がつかなかったり、広告サイトやアダルトサイトに誘導するために検索されやすい単語を大量に列記したウェブサイトが作成されたりして、ロボット検索サイトが抱える検索データベース自体が不正確で、信頼しにくいものとなることが多かったためである。そのため、この時代のロボット検索はあくまで補助的手段であり、ユーザーがその目的に合致した情報を得るためには結局人間が分類した別の情報（リンク

集）に頼らざるを得なかった。そのことがインターネット利用をリンクからリンクへとサーフィンするように情報を探す、当時いわゆる「ネットサーフィン」と形容される利用に留めていた、といっても良いだろう。この段階においては、インターネットはまだ「人づてのメディア」、すなわち人間が集めたリンク（情報）をたどることを繰り返すことで多くの情報にアクセスするメディアに過ぎなかったのである。それまでの情報メディアと同様、より多くの、深度の高い（マニアックな）情報にアクセスするためには相応の知識が必要とされ、結局インターネット上に存在する情報の多くが"知る人ぞ知る"状態に置かれていたことになる（インターネット黎明期のいわゆるアンダーグラウンドサイト（※2章で述べる）や初期の2ちゃんねるが隆盛を見た理由のひとつに、当時のロボット検索サイトでは探し当てることの難しいサイトの紹介や情報——いわゆる「裏情報」と呼ばれる類のもの、あるいは非合法なもの——を手に入れやすい空間であったことが挙げられる）。

　だが、1998年に米国で検索サイト Google[12]が開設されると、状況は大きく変わり始める。Google の場合、手法は同じロボット検索を用いながらも、複数のサーバとクローラープログラムによる網羅的なウェブサイト情報の収集に加え、「他のウェブサイトにリンクされている数が多いほど"良質なウェブサイト"として検索結果の上位に表示する」というページランク[13]の概念を導入し、それまでの単一で情報密度の判別を付けることが困難であったロボット型検索のあり方を大きく変えた。

Google 検索の実際

　例えば、Google の検索機能を使って「専修大学」という語を検索した場合、図2のような結果が表示される。

　ここでは法人としての「専修大学」の公式サイトがもっとも上位に（すなわち最も目につきやすい場所に）表示され、以下インターネット百科事典「Wikipedia」の「専修大学」の項目、さらに「専修大学」という語が含まれる各種サイト……という順で表示される。一見当然のようにも思えるが、

図 2　Google 画面

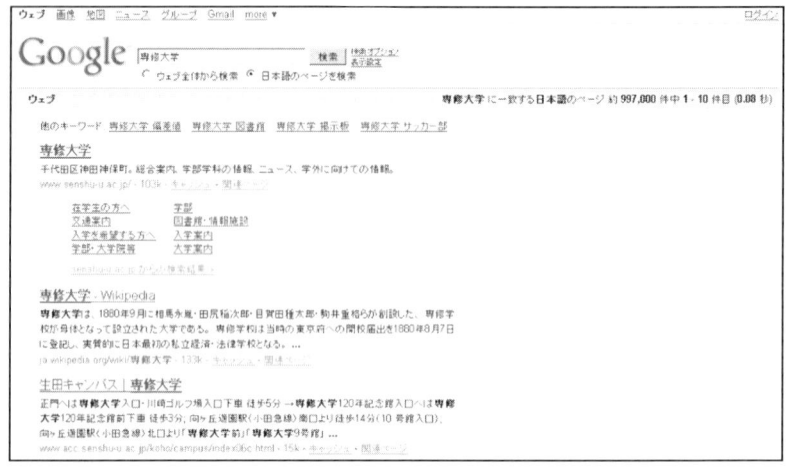

「機械的に収集した情報を、人間に伝わりやすく信頼性の高い形で提供する」ことは、実はコンピュータにとって（2008年現在においても）それほど簡単なことではない。もちろんコンピュータが自発的にそうした工夫を行うことはないため、人間（検索プログラムを作成する人物）がそのための技術を盛り込む必要が出てくるわけだが、Googleではページランクと呼ばれる仕組みを導入し、「情報の信頼性」の目安を他のサイトからリンクされている、すなわち参照されている量に置くことで解決した（この場合、リンクされている数だけを機械的に順並びにしただけでは、アダルトサイトや違法サイトなどの信頼できないサイトが大量のリンクを貼る行為などに対処できないため、Yahoo！やMSNといったポータルサイトをはじめ、アクセス数が多く信頼実績の高いウェブサイトからのリンクを重視する、という"重み付け"を行っている）。これによりGoogleは検索機能を軸に急成長を遂げ、先に挙げたGoogleアドセンス（7)を参照）やGmail、GoogleMap、といった様々なサービスを展開、Yahoo！を始めとした他の検索サイト大手も同様の手法で追随し、ポータルサイトの機能は「リンク集」から「検索」へとその中心を移していくこととなるが、ここで重要なのは単にGoogleという一企

業の成長ではなく、それが提供した情報検索の機能が、インターネット利用の実情を大きく変えたという点である。

　前述した通り、検索機能が発達する以前のインターネットは、未だマニア性、技術やネット内の事情に通じていなければ使いづらいという側面を色濃く残した"ローカルな"メディアであった。しかし、Google登場以降、インターネット情報の検索精度と量が飛躍的に拡大したこと、またそれと平行する形で各家庭、個人間においても高速回線（ブロードバンド）が広く普及していったことで、インターネットはその上に存在する情報を高速かつ一括して洗い出し、目的の情報を入手することのできる巨大な「データベース」へと本格的な変貌を遂げた。

　そもそもインターネットという世界規模の通信システム自体が、本質的にはデータベース的であったと言えるが、高速回線が普及しておらず、また検索システムが未発達な初期の段階においては、リンクを順番に辿る「線形」の情報収集（いわゆる"ネットサーフィン"）が主流であり、まだその価値を十分に発揮できない段階に留まらざるを得なかった。当時はユーザーが個々にウェブサイトを構築し、サイト間のリンクや情報収集もサイト運営者同士の個人的な（あるいは企業間の）つながりが中心であったため、データベースとしては網羅性に欠け、多くの情報を入手するためには文字通りの「探検」が（マイクロソフト社のウェブブラウザの名称はまさに「Internet Explorer（インターネットの探検者）」であるが――）必要とされた。対して検索技術の発展によるインターネットの高度なデータベース化が進展した現在、インターネットはもはや「事情通の独擅場」「マニアのための空間」ではなく、より多くより広い人々がその情報やサービスにふれ、それをもとにした活動を行う場となっている。無論、こうしたデータベース化の進展には、先に述べたXML（ブログにおけるXHTML）の利用など、ウェブブラウザの高機能化とも関連した技術的背景も密接に関連している。

　すなわち、いわゆる「Web 2.0」として総括される技術とは、インターネットやコンピュータに関する知識の多寡にそれほど（まるきり無関係とい

うわけではないが）影響されず、検索窓に単語を入力するだけで——単純な機械的並列ではなく、順序立てられ、情報として再利用しやすい形で——入手できる環境が構築されていった、一連の技術的進展を指すものとみなすことが出来よう。

　こうした「データベース環境としてのWeb 2.0」といった見方自体は、用語としての「Web 2.0」を提唱したO'Reilly Media社のTim O'Reillyが２ちゃんねる管理人のひろゆきとの対談（技術ニュースサイト『CNET Japan』2007年11月15日の記事として掲載。http://japan.cnet.com/news/media/story/0,2000056023,20361105,00.htm）において、

　私が考えているのは、まず、ユーザーが中心となって巨大データベースを作り、多くの人が使えば使うほどそのデータベースは良くなっていってるってこと。（略）だから、企業が「おれたちWeb 2.0企業さ」って言うとき、私は「どんなデータベース資産を蓄積してるんだい？」って聞くようにしてる。

と発言していること[14]からも分かるとおり、現在においてはほぼ定着した見方といって良いだろう。

第３節　インターネットのデータベース化と創作・文学環境の変化

文学空間としてのウェブへの試み
　では、そうしたインターネットの技術面、利用環境面での変容は、その中で創作されるコンテンツや、あるいは文学の領域においてどのような影響をもたらしたであろうか。

その普及の当初、インターネット（あるいはコンピュータ）と文学、出版といった分野の関わりに関する言及は、主として「インターネット」と「本（書籍）メディア」の対立、特に「電子書籍は成立しうるのか」という視点で多くが行われた（例えば季刊雑誌『本とコンピュータ』15)がそのテーマとしたような）。そもそも、初期のインターネット論に見られる、「パソコンやPDA、あるいは専用機器のモニタを介して提供される書籍（電子本）は果たしてどのような機能を持ちうるのか」といった議論、すなわち物理媒体の本の機能を拡張させたメディアとしてコンピュータを捉える視点は、インターネット普及の直前頃から、いわゆるデジタルメディアと既存メディアをめぐる論説の多くに登場していた。

紀田　文体や文章の問題とは別に、コンピュータなら同じものを表現するにも、それこそDTP的に、きちんとレイアウトして読みやすくしていくことができる。小説の場合でも、登場人物の経歴なんかを本文とは別のところに囲みで入れておいて……。

室　　新しい人物がでてきたら、その名前をクリックすると……。

紀田　その人物が過去にやったことがズラズラッとでてくる。(笑)ちょっとゲームっぽくなっちゃうけど、いまは映像文化や他のメディアに浸って育った人が多いから、逐語的に読み進んでいく根気が無くなっているんですよ。だから「これには関心ない」と思ったら、その部分を飛ばしても、ちょっと見ただけでゲシュタルト的に把握できるようにしておくとか。

室　　普通の雑誌は、もともとそうなってるでしょ。新聞だってそうだよね。だから小説がそうならないっていうことはないよね。

（中略）

紀田　でも、そこまでいくと、作家の思想をどう表現するかという問題にかかわるから、なかなか簡単にはいかないけど。

津野　つまり頭から読み進んでいく一直線的なテキストとしてじゃなく、

非連続的というか、多元的なハイパーテキストによって小説を書いたり読んだりできるかということですね。
（『コンピュータ文化の使い方』室謙二・津野海太郎著、1994年、思想の科学社、p.41〜43）

　上記の対談中、紀田順一郎らが触れている「ハイパーテキスト構造の小説」に対するビジョンは、MacintoshOSに搭載された「HyperCard（ハイパーカード）」機能[16]への言及に伴うものだが、インターネット普及以降はウェブブラウザ上での「ハイパーリンク」を利用した小説で同様の試みが小規模ながら行われた。1999年から開始された推理小説作家・井上夢人によるウェブ小説『99人の最終列車』[17]は、そうした中でも職業作家によるものとして注目すべきケースと言えるが、結局のところ、その時点でのウェブブラウザの機能や一般的な回線速度の限界もあり、「複数の視点」による情景描写とハイパーリンクを利用したパラレルな展開という時事的な「目新しさ」以外に目立った成果を残し得なかったと言えよう。
　また作品構造にインターネット（のハイパーリンク）を取り込むという手法以外にも、インターネット普及初期にはさまざまな"実験"的プロジェクトが行われた。推理作家を中心とした小説作品の直販サイト「e-novels」[18]やまた村上春樹が自著『海辺のカフカ』（2002年）刊行直後から行った、ウェブサイトでの読者との交流企画[19]などがそうした"実験"の代表例と言える。
　しかしこの『海辺のカフカ』刊行時の交流プロジェクトのような出版社との連動企画は出版イベントとして成功をみたものの、他のインターネット上における一連の試みもふくめ、当初のビジョンのように「本の置き換え」あるいは既存メディアとのコラボレートによる「次世代メディア」的な役割を担い、文学あるいは出版の現場に活況をもたらすまでには到らなかった。その理由の一つとして、これらの試みの多くがインターネット普及初期に行われ、十分な市場規模や環境（先に述べたようなウェブブラウザの機能面や回

線速度の限界を筆頭とする）が整わない段階で行われたこと、また作家の個人的、あるいは単立の企画として行われたことで、インターネット内でも十分な浸透が図れなかったことがあげられる。つまりこの段階ではかなり先鋭的な試みであったことは確かだが、より根本的な問題として、作家、そして出版産業自体がインターネット進歩の本質的な部分、すなわち第2節で述べたWeb 2.0的なインターネットの展開を予期し得えず、本当の意味でインターネットに適した形態での情報（コンテンツ）の提供が出来なかったという点を見逃すべきではないように思われる。

　先述したように、検索機能の発展によってインターネットが「大規模データベース」としての本質を明らかにするにつれ、当初はみえてこなかったもう一つの局面、すなわち「検索結果に表示されない（されにくい）サイトにはユーザーが集まらない」という状況が顕現するようになってきた。つまり「検索結果」に出ない作品（情報）の存在感は、インターネット上では著しく薄まる（あるいは"無い"ものとして扱われかねない）という状況である[20]。

　こうした傾向は独自技術を採り汎用性の低いデータ形式で作成された作品（あるいはサイト）、または厳格な会員制を採り、内部の情報が検索サイトのクローラ　プログラムに収集されにくいサイトに多く見られる（これは独自規格を採用し、あくまで「物理媒体としての本」に劣らない紙面の視認性にこだわった「電子書籍」がいずれも市場的に失敗し撤退せざるを得なかったケース[21]と類似している）。

　これまで見てきたように「Web 2.0」とは、検索されたデータを高速かつ簡易に利用できることの利便性を再確認する、すなわちインターネット空間のデータベースとしての役割を認識するため（させるため）の概念であった。無論それは「新技術」によってコンテンツがひとりでに生まれる魔法の環境ではなく、その中に蓄積されたコンテンツの利用と蓄積（そして複製の高速化による配布も）をより簡易で高度なものとするためのサービス（機能）の集合体、つまりコンテンツを利用する側の視点に立った機能と利便性

の向上であったと言える。

　また同時に、それらの変容が新たなハードウェアや技術の登場によって成し遂げられたのではなく、あくまでそのありかた変化、すなわちインターネットの本質である情報全体の高度なデータベース化が行われることで達成された、という点も指摘できる。このようにして、今日のインターネットのユーザーたちがその機能を利用し、自分たちで情報を再構築していく中でさまざまなコンテンツを生み出していった（そして現在も生み出し続けている）環境が整うこととなった。

　では、そのコンテンツを生み出すユーザーたちの集団、すなわちインターネット・コミュニティの住人たちは、ウェブの変容の中でどのような経緯を辿って展開し、そして何を生み出していったのか。2章以降はその点について触れていこう。

注

1） プログラム言語やネットワークセキュリティの解説書を中心に出版する米国の出版社で、同分野では大きなシェアを持っている。
2） 『Web 2.0 BOOK』小川浩・後藤康成、2006年、p.18
3） 明確な定義を持たないが、相手にインパクトを与えることを目的として企業の広告戦略等で使われるキャッチフレーズや造語を指す。なお、本来の「buzz」は本来ハチなどの虫が飛ぶ際の（聞く者によっては耳障りな）羽音を指す言葉であり、「buzz- word」という言葉自体にも「耳にはつくが実態がよくわからない言葉」といったようなネガティブな意味合いが含まれる。
4） その文章の段落や情報リンク先といった「構造」と、フォントの色や大きさ等の「見え方」を、文章本文といっしょにテキスト情報として記述するための言語。ウェブページで一般的に使われている HTML (Hyper text Markup language) もマークアップ言語の一種である
5） 旧来の HTML を直接編集することによって構築されるウェブページの場合、それが含まれるウェブサイトの構造が変わってもリンク関係が変更されず、いわゆる「デッドリンク（リンク先がない）」の状態になりやすい（ページの相対的な位置や名称が変更されるため）。対してブログの場合、作成したページや記述のひとつひとつに本文中でもふれた「パーマリンク」が付けられ、サイト構成が変更されるとそれに伴ってリンク先も変更される。このためブログサイトは単に HTML でリンクが作成されたウェブサイトに比べると情報間のリンクが継続して保たれ、データベースとしてはより安定した仕組みであると言える。
6） ウェブサイト広告の閲覧者がその商品を購入した場合、その利益に応じて広告媒体となったサイトに報酬が与えられる仕組み。本文中でも述べたブログの流行とともに企業運営のサイトだけではなく、個人サイトでも広く行われるようになった。2章で取り上げるインターネット・コミュニティのコンテンツ利用の問題とも関連するが、このアフェリエイト普及によって『2ちゃんねる』をはじめとしたインターネット上のコンテンツ（情報）をそのまま、あるいは「まとめサイト」という形で自身のブログに転載しアクセス数を稼ぐ手法が一時期流行し、転載元のコミュニティとの軋轢に発展したケースがあった（2ちゃんねるニュース速報 VIP 板のまとめサイト「ニャー速。」と2ちゃんねる

ユーザーの軋轢等。)。これは2005年に『２ちゃんねる』の「ニュース速報VIP」板（２ちゃんねるでは各カテゴリ毎の掲示板を"板"と呼ぶ）のユーザーを中心に２ちゃんねるまとめサイトへの批判・抗議行動が活発化、最終的に批判運動の対象となったサイト「ニャー速。」が閉鎖されたケースである。ブログの普及にともない、２ちゃんねる等インターネット内外で発生したトラブルに際して、こうした「まとめサイト」が構築されることが多い。

7） ウェブページの内容を解析し、そのページに適した広告を自動的に配信するサービス。これを利用することで、たとえば「ミステリー小説の批評サイト」であるのにスポーツ用品の広告ばかり表示され、サイト閲覧者に対する広告効果がほとんど現れない、といった事態を回避しやすくなる。検索サイト大手のGoogle が提供している。

8） 「Flickr」はデジタル写真をサーバー上にアップロードし、他のユーザーも閲覧できるように共有・展示することのできるサービス（http：//www.flickr.com/）。他人がアップした写真にコメントを付けられる他、各ユーザーが写真に分類用のキーワード（タグ）を能動的に付け、自身の関心や交友関係に基づいて分類、閲覧できるようにした。「Napster」は1999年に発表された音楽ファイル共有用ソフトウェアの一つで、特定のサーバーから音楽ファイルをダウンロードするのではなく、ユーザーのパソコン間で直接ファイルをやりとりできる、いわゆる「P2P（Peer to Peer）技術」を利用する。米国・Northeastern 大学の学生であった Shawn Fanning が開発、1999年に Napster 社を設立して同ソフトウェアを利用した音楽共有サービスを開始したが、著作権侵害にあたる利用が常態化したため、全米工業会（RIAA）が起こした著作権侵害訴訟における敗訴を受け2001年にサービスを停止している。なお、2008年現在音楽配信サービスを行なっている「Napster 社」は、上記訴訟とサービス停止後に米国のソフトウェア企業 Roxio 社がその知的資産を買収し社名を変更して起業されたもので、初期の Napster 社とは直接の関連を持たない。最後の「BitTorrent」は、米国のソフトウェア企業 BitTorrent 社によって開発された P2P ソフトウェアである。「P2P」という広いカテゴリの中では Napster と同様であるが、BitTorrent は通信帯域をより柔軟に分割、共有する仕組みを備えることでより大容量かつ多人数への同時配布に向いたソフトウェアとして認知されている。2008年現在では、商用サイトでの映画や音楽ファイルの配信の他、各種の Linux を含むオープンソフトウェアの共有・配信にも利用されている。

第 1 章　現代のインターネット変容　21

9）　ユーザーに検索機能やカテゴリ別のウェブサイトリンク集、ウェブメール等の機能を提供し、インターネットを利用する際の入り口（ポータル）として利用されることを想定したウェブサイトを指す。「Yahoo！」や「MSN」などが代表的なポータルサイトの例。

10）　米国、日本をはじめ世界で広く利用されているポータルサイト大手。(米国：http://www.yahoo.com、日本：http://www.yahoo.co.jp)

11）　例えば『源氏物語』研究についての情報を検索する際に、「源氏物語」「研究」「論文」といった関連する語を入力して行う方法。今日ではごく一般的な利用法であるが、インターネット普及初期は本文内でも述べたように、ポータルサイト内に設置されたサイト毎のカテゴリ分類からリンクをたどる方法がポータルサイト利用の主流だった。

12）　1998年9月、米国カリフォルニア州 Stanford 大学博士課程に在学していた Lawrence Edward Page（通称は Larry Page。専門は計算機科学）と Sergey Brin によって起業、開設された。本文中でも触れているように、精密かつ効率的なインターネット検索のための技術、ノウハウを数多く持ち急成長を遂げた。検索サービス以外にもウェブメール（Gmail）や地図検索機能（Google Map）等数多くのインターネットサービスを提供している。

13）　「ページランク」の主な仕組みは本文内で述べた通りだが、名称に含まれる「ページ」はウェブページのことではなく、創業者 Larry Page の「Page」とかけられたもの（『Web 2.0 BOOK』小川浩・後藤康成著、2006年、P.42）。

14）　同対談中、Tim O'Reilly は「Web 2.0的インターネットサービス」を指し、利用者によって情報の蓄積がデータベースとしてのインターネットそのものを充実させていく仕組みを「Peopleware」（これもきわめてマーケティング的な名称であるが）と呼んでいる。

15）　「本とコンピュータ」編集室のプロジェクトの一つとして1997年7月創刊。本とデジタルメディアに関する問題、特に紙媒体の書籍を代替するメディアとしての電子書籍の技術とその可能性、またインターネット上での書籍コンテンツビジネスの展開等を中心的に取り上げた。なお同誌は2005年夏号（同年6月刊行）を以って8年2期に渡るプロジェクトを終了している。

16）　1987年に Apple 社の MacintoshOS に標準添付されたハイパーリンク機能を搭載した最初の商用ソフトウェア。「HyperTalk」と呼ばれる独自のプログラム言語によって既述され、簡易なアプリケーションの開発に利用された。2008

年9月時点での最新バージョンは1998年にリリースされた2.4.1。

17) 1996年4月に開設されたウェブサイト「99人の最終電車」上に掲載された（http://www.shinchosha.co.jp/99/）。

地下鉄銀座線を舞台に、一つの車両に乗り合わせた乗客それぞれの体験や思考、交流がパラレルに進行していく。著者である井上は本作を「最初のページ」や「最後のページ」のない小説と紹介し、ハイパーリンク構造を利用して登場人物それぞれの視点に移行する内容を「時間や空間、そして見るものの視線すら、自由に渡り歩くことができる」と語っている（同サイトの「『99人の最終電車』読書のてびき」http://www.shinchosha.co.jp/99/manu/prepare.htm）。またそうした手法を選び作品を発表したことについては、「映画なら、監督が1コマ1コマにかかわって、それが最終的に劇場で上映されて、どんなふうに観客に見られるかというところまで責任をもつのに、それが小説にはなかった。中身にだけ頭がいって、そういうメディアにたいする貪欲さが小説にはなかったんじゃないか。そういう反省がぼくの中にあるんです。」「そんな中で、小説家がほとんど無自覚に近い状態で本をつくりつづけていることに、ぼくは危うさを感じてしまうんです。」(『季刊・本とコンピュータ』第3号・1998年掲載のインタビューより）と問題提起としての意味合いがあったことを明らかにしている。

18) 1999年12月、作家井上夢人を中心とした作家集団「e-novels」の作家による作品の販売サイトとして開設された（当時のURLは http://www.e-novels.net/）。当初販売を担当したのはIT関連の出版社である株式会社アスキーおよびアスキー・イーシー。PDF形式の小説作品（1作あたりの価格は100円から）をウェブマネーを利用して決済し購入するもので、井上をはじめ我孫子武丸、笠井潔、京極夏彦、宮部みゆきらの作品が紹介、販売された。この活動を"作家主体"で行なおうとした動機について、井上は、

最近になって、様々な出版社が電子書籍の販売に乗り出してきた。(中略)
しかし、不思議で仕方がないのは、どのプロジェクトも作家が不在だということだ。小説を電子化して売ろうという計画に、誰も作家の意見を聞こうとしない。

(『本とコンピュータ』2000年冬号、p.28)

と書籍の電子化に乗り出しながらその向かうべき方向性について作家（著作者）とのコンセンサスがとれていない当時の出版業界への不満があったことを語っている。また、e-novels開設の「もう一つの意味」として、「電子媒体に乗せられる小説とはどうあるべきかを探ること」（同　p.31）としている。しかしこうした井上のビジョンとは裏腹に、同サイトはインターネットで購入し、パソコン上で閲覧する（読む）ということの意義を読者に積極的に提示することができず、インターネット上のコンテンツビジネスとして、また「電子媒体に乗せられる小説はどうあるべきか」という根本的な意味あいを求める意味では成功したとは言い難かったと言えよう。現在、e-novelsの活動は株式会社タイムブックタウンの運営する電子書籍販売サイト「Timebook Town」のコーナーとして継続している（http://www.timebooktown.jp/Service/e-novels.asp）が、「Timebook Town」のサービス自体は2009年2月末を目処に終了すると告知（http://www.timebooktown.jp/Service/info/2008/info_s 080401_01.asp）されている。

19)　2002年9月に刊行された村上春樹の小説作品『海辺のカフカ』（新潮社）に関する読者からの感想、また作品内容に関連する質問、それに対する村上春樹本人の回答を期間限定でウェブサイト上に掲載した。サイトの開設経緯と内容は2003年に『少年カフカ』（新潮社）としてまとめられ刊行された。インターネット上の作家によるプロジェクトとしては、村上春樹の知名度と、『少年カフカ』のヒットが相乗効果を上げた成功例と言える。

20)　「検索サービスに検出されず、インターネット上での存在感が著しく低下している」状況を表すネット・スラングに「Google八分(はちぶ)」というものがある。これは「Googleの検索結果に表示されない（検索結果から外される）」ことを人間関係における「村八分」になぞらえたもの。「Google八分」自体はウェブサイト側のデータ形式の問題ではなく、著作権や肖像権の侵害、またアダルトコンテンツや検索スパム（検索結果を操作する目的で作成されたウェブサイト。検索クローラーにヒットさせるためだけの単語やリンクが羅列されたものが多い）など、「問題がある」とGoogle側が判断したものについて能動的に検索結果から排除するものだが、結果的にプライベートカンパニーの判断によってインターネット上の情報が操作されるという側面がある。このことは、検索サービス企業自体による恣意的な削除はもとより、検索データベース用サーバの置かれた地域や国の政府機関が企業側に要請あるいは強制することで事実上の

「インターネット検閲」が可能になってしまう等、インターネットの公共性、情報の公共性をめぐる問題へと波及する可能性を孕んでいると言えよう。

21) 18)で挙げた「e-novels」の展開に見られるように、「パソコン上で書籍を見る」、また「インターネットを経由して本を購入する」ことの意義（メリット）を読者に対して訴え切れていない点が大きく影響しているものと思われる。また、家電やパソコンメーカーによる電子書籍端末の試み（松下電器のシグマブック、ソニーのリブリエ等）、つまり「電子書籍」実現の環境としてパソコンやインターネットを捉えるアプローチは、2008年現在に至るまでまだ大きな成功例がない。これは物理的な媒体としての「本」の完成度の高さと共に、「単なる既存書籍の置き換え」という方向性そのものが、コンピュータそしてインターネットの本質に適合していない（向いていない）ことの証左であると考えらえる。今後の電子書籍をめぐっては、物理的な本の再現性よりも、検索サービスとの連携や音楽ダウンロードサービスの一部（Apple社のiTune Storeなど）がすでに実現しているように、購入の容易さと電子書籍独自のコンテンツの充実にその将来がかかっていると言えるだろう。

第 2 章

日本におけるコンピュータ・ネットワークの発達とコミュニティの形成

第1節　パソコン通信の時代からインターネット普及まで

コミュニティの黎明

　日本国内におけるコンピュータ・ネットワーク上のコミュニティの形成は1980年代初頭から半ばにかけて開始され、1985年の電気通信事業法制定、いわゆる電電公社の民営化も含めた「回線の完全解放」[1]によるパソコン通信事業開始から本格化したものといえる（パソコン通信におけるネットワーク構成の概念図および技術的仕様については[2]を参照）。

　すでに1970年代末には米国のパソコン通信サービスを介して、独自にコンピュータ・ネットワーク環境を構築していたユーザーは存在したが、当時はパソコン自体が高価で日本語を扱う環境が整っていなかったこと、何より日本語によるサービスやコンテンツがほとんど提供されていなかったため、国内において組織的、文化的にまとまった人的集団、すなわちコミュニティとして形成されたケースはほぼ皆無といって良かった。1980年代に入り、兵庫県の「Com・Com」や千葉県の「JUG-BBS」（いずれも1983年開設）など民間有志による「草の根BBS」開設を皮切りとして、パソコン通信普及の下地が作られると、ニフティサーブ[3]やPC-VAN[4]といった大手事業者に加え、アマチュアによるホスト局が各地に構築され、コンピュータ技術やソフトウェア、小説、マンガ、スポーツ等様々な話題に関するユーザー間の交流が行なわれはじめた。

　パソコン通信は、電話回線を通してホストマシンにアクセスすることで電子メールや電子掲示板による情報交換、データやソフトウェアの提供等といったサービスを利用することのできるネットワークであったが、今日のインターネットと異なり、ホストマシン間の通信が自由に出来なかったこ

第 2 章　日本におけるコンピュータ・ネットワークの発達とコミュニティの形成　27

と[5]、また利用者のコンピュータから直接サービスを提供するホストマシンに接続しなければならなかったため、(主に金銭的負担の面から)同じホストに接続する際に地域的、時間的な束縛を受けることが多かった[6]と言える。また文字(テキスト)による情報提供がサービスの中心であり、画像や音楽等のデータは通信設定やソフトウェアを変更あるいは設定する必要があること、またデータ量が大きく通信料がかかることから一般には多用されず、それ故に提供できる機能も今日のインターネットと比較すれば(パソコン自体の性能差ももちろん影響しているが)非常に制限されていた。

パソコン通信コミュニティの実際

　パソコン通信のコミュニティは「フォーラム」あるいは「SIG (Special Interest Group)」と呼ばれ、電子掲示板や電子メール等のサービスを通じたユーザー同士の交流によって形成されたが、そのコミュニティにおいて投稿記録の管理と進行・仲介の役割を担うユーザー(システム・オペレーターの略で"シスオペ"、あるいは"議長"等の呼称が使用された。本項内では以下"シスオペ"に統一)を設定し、コミュニティにおける話題の設定、トラブルの仲介等を担当する試みが多くのコミュニティで行なわれた。また漫画家のすがやみつる[7]、タレントのクロード・チアリ[8]等著名人がこのシスオペを務めるケースがみられたことも特徴のひとつと言える。特に初期は事業者側が宣伝戦略として著名人をシスオペとして起用する傾向が見られた[9]。

　ニフティサーブやPC-VAN等大手のパソコン通信では運営システムの一つとしてこのシスオペが制度化されており、会議室の活性度に応じて報酬が支払われた[10]し、またそのシステム上「匿名でコミュニティに参加する」ことが難しかった[11]こと、前掲のシスオペ、議長といった各フォーラム・各掲示板ごとの「まとめ役」が存在したことなどから、今日のインターネット上における匿名掲示板コミュニティ(『2ちゃんねる』に代表される)と比較して構成メンバーを把握し易いコミュニティが形成されていた。

こうした運営を可能にしていたのは、インターネットと比較してフォーラムごとの参加ユーザーとそのアクセス時間が前述した諸条件によって地域的かつ"経済的"に限定されていたこと、さらには当時のパソコン環境、また通信サービスの整備環境上、パソコン通信を利用できるユーザー母数そのものが少なかったことが大きく関係している。システム的に匿名性の低いコミュニティが運営されている点では、今日のmixi等のソーシャル・ネットワーク・サービス（後述）上で構築されるコミュニティに類似しているが、それ故に多数のユーザーが匿名性の高いシステムの上（後述するが、完全匿名ではない）で運営されている、今日の匿名掲示板コミュニティにおいては、パソコン通信の仕組みやそのコミュニティ運営手法（メソッド）をそのまま持ち込むことは難しい（上記「シスオペ」「議長」等のスタッフも、基本的に専業として会議室の管理・運営を行なっているユーザーはほとんどおらず、管理や議論介入の度合いはシスオペの個人的モチベーションに因っていた）。何より、パソコン通信が主流であった1980年代末～1990年代初頭の時期は、今日のような大規模で匿名性の高いコミュニティの登場、またそうしたコミュニティと公共性との衝突という状況自体が想定しがたい時代であったことが指摘できよう[12]。

パソコン通信の意義

　結果的にパソコン通信は、ピーク時の1990年代初頭にはニフティとPC-VANの大手2事業者で数百万人の会員数を集め、筒井康隆の新聞連載小説『朝のガスパール』とASAHI-NETとの連動企画[13]等、さまざまな盛り上がりを見せたが、1995年以降、インターネットの急速な普及と入れ替わるかたちで徐々に衰退して行き、2008年現在、ニフティおよびPC-VANの2事業者によるものをはじめ商用サービスは行われておらず、かつてのパソコン通信上のフォーラム、SIGはほぼすべてがインターネット上に移行もしくは解散（閉鎖）された状態にある。

　このようにパソコン通信は技術的にも、また歴史的にもすでに過去のもの

となりつつあるが、その上で行われたコミュニティ活動やその文化が、のちのインターネット上におけるコミュニティ形成と文化に少なからぬ影響を及ぼした。(それらの点については以降の文節で述べる) だがそうした反面で、コミュニティ運営がネットワークインフラを提供しサービスを運営する企業 (NIFTY や PC-VAN) の活動、方針に強く依存していたことは、結果的にパソコン通信コミュニティをそれぞれのサービスの境界内に留め、今日のようにより大規模な人と人との交流、すなわち"越境ネットワーク"的なコミュニティや文化を形成しえなかった要因と見ることができよう。

第2節 1990年代末期のインターネットコミュニティと『2ちゃんねる』の登場

総合型掲示板の登場

さて、1993年の商用開放[14]以降、家庭へのパソコン普及の牽引役となったマイクロソフト社のオペレーティング・システム Windows 95の登場[15]や各種媒体における紹介等の影響で急速に利用者を増やしたインターネットは、続く20世紀末（1998年以降）、Windows 95の後継OSである Windows 98の登場（同OSでは、Web閲覧アプリケーションとオペレーティング・システムの基本機能が統合される等、前バージョンである Windows 95より、よりユーザーがインターネットを利用しやすい環境が整えられていた）および日本国内の企業やメディア、さらには個人による「ホームページ開設ブーム」の後押しもあって爆発的にその普及していった[16]。

インターネット普及の過程では、ごく初期のコミュニティは各ウェブサイト（ホームページ）に設置された電子掲示板によるもの、あるいは電子メールを利用したメーリングリストによるユーザー同士の交流によって形成されていったが、やがてウェブサイト運営者や、そのサイトの他ユーザーとの直

接的な交流ではなく、特定の分野に関する情報の交換・入手を不特定多数の参加者と行なう形態の電子掲示板サイトが登場し始めるようになる。やがて話題ごと、作品ごとのように、個別ではなく同じ分野の話題をまとめて扱う規模の掲示板専門サイトが開設されるようになっていき、さらに異なる分野や掲示板の集合体として「総合型掲示板サイト」と呼ばれる巨大なコミュニティが形成されていった。

　インターネット初期に多くの参加者を集めた「あめぞう」、また今日、様々な社会的事件やメディア作品にも絡んで一般的な知名度の高い「2ちゃんねる」（http://www.2ch.net/）などがその代表的なものである。

　こうした総合掲示板型サイトの中にはポルノ画像や企業、著名人に関するスキャンダル、非合法な物品の入手といったいわゆる「地下情報」を扱うものも多く含まれていたこと、また特に初期のインターネットでは「新聞やテレビ等の既存メディアには掲載されない（あるいは察知されない）、"裏"の情報を入手できる空間」といったイメージが先行していたこともあり、あめぞう、2ちゃんねるを始めとした総合掲示板サイトに対しては、実際以上に「非合法な物品、情報が集まる場所」、「地下サイト」といった見方がなされがちであった（とはいえ、2ちゃんねる初期の中心コンテンツが「裏情報」「ちくり」といった、やはり企業や著名人のスキャンダルに関する掲示板であったこと、また音楽やゲーム、商用ソフトウェアの違法入手に関する話題が頻繁に取り上げられ、その情報入手も容易であった等、総合掲示板サイトの側もそうした期待に事実として応える場として機能していたことも否定できない）。

その特質

　2ちゃんねるをはじめとした総合掲示板サイトでは、パソコン通信時代よりも大規模で「匿名性の高い」[17]環境が提供されたことで、「特定の」分野に関する情報収集とともに、「不特定多数の」相手との情報交換、あるいは特別な目的無しにマンガや時事の話題等を媒介にしたコミュニケーションを

第2章　日本におけるコンピュータ・ネットワークの発達とコミュニティの形成　　31

取ること、すなわち「ネタ」で盛り上がること自体を目的としたユーザーが大量に流入し始めた。このユーザー流入は、2ちゃんねるの開設された1999年5月という時期が、先に述べたようにWindows 98の登場をはじめとするパソコン環境の充実化およびインターネットユーザーの爆発的増加と期を一にしており、当時まだコンテンツが充実しているとは言い難かった国内のインターネット環境下で、先述した「『表』のメディアが報じない、『裏』の情報を入手できる空間」としての2ちゃんねるに対する期待が高かったこと、また前身である『あめぞう』時代からそのユーザーやコミュニティの雰囲気をそのまま引き継いだことが大きく作用している。

　やがて2ちゃんねるは単に規模だけではなく、自分たちが2ちゃんねるの参加者であることを示す独特の用語や語彙[18]の使用、大規模な「オフ会」の開催等を通じて、社会的な注目を集めるようになった。

　とりわけ、2ちゃんねるというサイト名称そのものの社会的認知度を高めるきっかけとなったのは、犯人が事前に犯行予告を同サイトに書き込んだと言われる2000年の「西鉄バスジャック事件」[19]とされるが、そうした社会的事件との関わりだけでなく、2ちゃんねるにおける日常的なコミュニティ活動が本格的に注目されるようになったのは、2001年以降、関連書籍の出版やメディアでの取り上げが相次ぐようになって以降と言えよう。

　「2ちゃん用語」やアスキーアート、Flashムービー[20]、また各スレッド内でのやりとりが集められ、大人数が特定の場所に集まり、事前の取り決めに基づいた行動（それは「テレビ中継の行なわれる海岸を、テレビ局スタッフに先んじて清掃する」というものであったり、「集団で牛丼チェーン店の吉野家に押し掛け、ただ黙々と牛丼を食べる」というものであったりする）をとる「大規模オフ」がマスメディアから注目されるようになると、2ちゃんねるのユーザーは独自の用語を駆使しコミュニティを形成する人々、いわゆる「2ちゃんねらー」として、インターネット上のみならず一般社会でも認知されるようになる。そうした他のメディアでの露出によって2ちゃんねるに興味を持ちアクセスする人々が増え、自らも書き込みを行なってコミュ

ニティに加わっていく。この繰り返しによって、2002年には1日あたり330万人[21]がアクセスする、インターネット・コミュニティとしてはその規模と蓄積されたコンテンツの双方で群を抜いた存在へと成長していった。

　ここでいう「2ちゃんねるコミュニティにおいて蓄積されたコンテンツ」とは、2ちゃんねる内でのユーザー同士のやりとり（ログ）をはじめ、その中で使用されているアスキーアート、またそれらを元に制作されたFlashムービー等の派生創作物が含まれる。アスキーアートは電子掲示板上において文字によって絵や人物等を表現するもので、初期は文章表現のニュアンスを補足する、あるいはシンボルマーク的なものとして使用されていたが、次第に2ちゃんねる内において「職人」と呼ばれる、アスキーアートの作成に熟達したユーザー[22]によりマンガやアニメのキャラクター、実在の人物をモチーフとした絵を描写する高度なテクニックを示す作品が作られた。さらに「モナー」や「ギコ猫」等のアスキーアートとして定番となるキャラクターとそれらにさまざまな表現や設定が付け加えられたものが作られ、その表現や設定をもとにさらに新しい派生的な物語が構築されるなどした。こうした活動はおよそ2001年から2002年の時点でピークを迎え、2ちゃんねる内に独立した掲示板（アスキーアート板、AA板）が設置されたのを始め、他媒体での取り上げやイベントの開催、さらにキャラクター商品化が進められるなどした[23]。

　このようなアスキーアート・キャラクターの盛り上がりは、一般社会における2ちゃんねるの認知度を高めるとともに、2ちゃんねるコミュニティ全体のシンボル的役割を担うものとしてアスキーアートキャラクターを認知させる（コミュニティの内外双方で）要因となった。またアスキーアートやFlash、さらに通常のスレッドを含めた2ちゃんねるの盛り上がりは2ちゃんねる閲覧者の増加、他サイトからの流入を促進し、それによる閲覧者の多さ、言い換えれば「ギャラリーの多さ」がさらに「職人」ユーザーの参加や動機付けを促進し、さらにコンテンツを充実させるという相乗効果を生み出した。この頃の2ちゃんねるは最早「裏情報の入手」や出所不明の噂、ユー

ザー同士の罵詈雑言が飛び交う怪しげな雰囲気を売り物にするだけではない、コミュニティ独自の、そして他メディアからも注目されるに足るコンテンツを生み出す空間としてもっとも活況を呈していた時期であったと言えよう。

第3節 『電車男』に見られるインターネットコミュニティと作品のメディア展開

ウェブ発書籍の成功例

　2004年に書籍化、ドラマ化され、また翌年には映画作品にもなった『電車男』は、そうした2ちゃんねるコンテンツの外部メディア展開が大々的に行なわれた初めての例であると同時に、顕著な"成功例"として一般に認知される作品となった。

　同作は2ちゃんねる内の「独身男性板」に立てられていた「男達が後ろから撃たれるスレ」での一連の書き込みによって構成されているもので、「実話」「インターネット小説」としてカテゴリ分けされる場合もある[24]が、本来は掲示板の書き込みをまとめたドキュメンタリー風の読物である。

　「男達が後ろから撃たれるスレ」は、独身男性が他の恋人同士の言動にあてつけられた体験を書き込み、ショックを受ける様を「後ろから撃たれる」とタイトル付けしたスレッドである。すなわち、本来は「もてない男」たちによる自虐的で殺伐としたやりとり（書きこむ側も、掲示板を読む側もそれを楽しむ）を中心とした内容であった。しかし、2004年3月に「731」[25]というユーザーによって「電車の中で酔っぱらいに絡まれている女性を助け、そのお礼にエルメスのティーカップを貰った」という内容の書き込みが行なわれたことをきっかけに、「731」と女性の関係が進展していく様子とそれにアドバイスを与えるスレッドの常連ユーザー（2ちゃんねるでは"スレッド

住人”あるいは“○○板住人”と呼ばれる事が多い。本稿でも以下「スレッド住人」という表現に倣う）とのやりとりが綴られるようになった。

図1

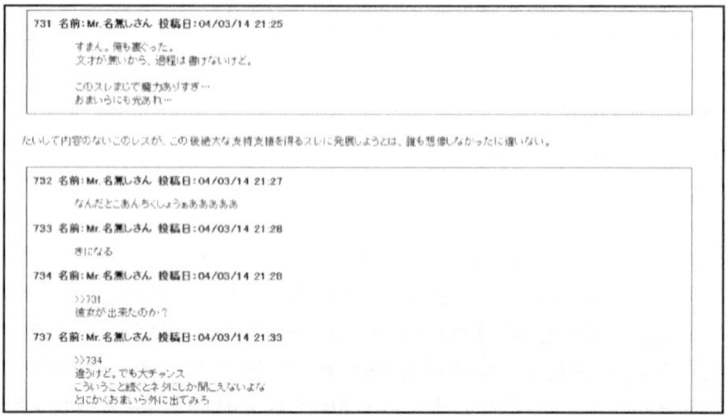

731 名前：Mr.名無しさん 投稿日：04/03/14 21:25

すまん。俺も裏ぐった。
文才が無いから、過程は書けないけど。

このスレまじで魔力ありすぎ…
おまいらにも光あれ…

たいして内容のないこのレスが、この後絶大な支持支援を得るスレに発展しようとは、誰も想像しなかったに違いない。

732 名前：Mr.名無しさん 投稿日：04/03/14 21:27

なんだとこあんちくしょうぁあああああ

733 名前：Mr.名無しさん 投稿日：04/03/14 21:28

きになる

734 名前：Mr.名無しさん 投稿日：04/03/14 21:28

>>731
彼女が出来たのか？

737 名前：Mr.名無しさん 投稿日：04/03/14 21:33

>>734
違うけど。でも大チャンス
こういうこと続くとネ外にしか聞こえないよな
とにかくおまいら外に出てみろ

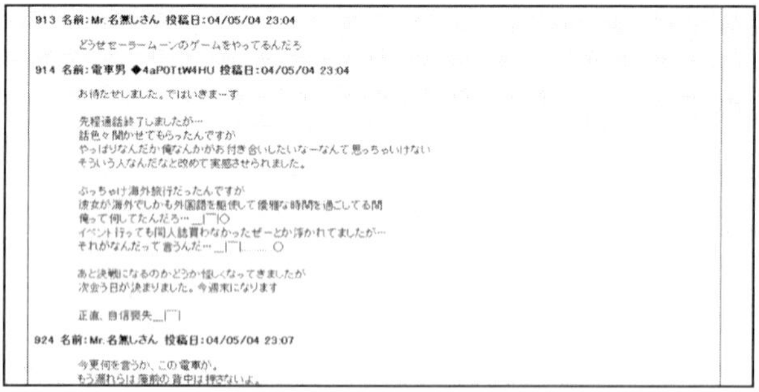

913 名前：Mr.名無しさん 投稿日：04/05/04 23:04

どうせセーラームーンのゲームをやってるんだろ

914 名前：電車男 ◆4aPOTtW4HU 投稿日：04/05/04 23:04

お待たせしました。ではいきま～す

先程通話終了しましたが…
話色々聞かせてもらったんですが
やっぱりなんだか俺なんかがお付き合いしたいな～なんて思っちゃいけない
そういう人なんだなと改めて実感させられました。

ぶっちゃけ海外旅行だったんですが
彼女が海外でしかも外国語を駆使して優雅な時間を過ごしてる間
俺って何してたんだろ…＿|￣|○
イベント行っても同人誌買わなかったぜーとか浮かれてましたが…
それがなんだって言うんだ…＿|￣|……○

あと決戦になるのかどうか怪しくなってきましたが
次会う日が決まりました。今週末になります

正直、自信喪失＿|￣|

924 名前：Mr.名無しさん 投稿日：04/05/04 23:07

今更何を言うか、この電車が。
もう漏れらは藻前の背中は押さないよ。

以上の画像2例はすべて『男達が後ろから撃たれるスレ　衛生兵を呼べ』（http://www.geocities.co.jp/Milkyway-Aquarius/7075/index.html）まとめサイトのもの。サイト作成者による展開やスレッド進行の補足が付いている。

話は恋愛に不慣れな「秋葉系オタク」である「731」、すなわち電車男が、女性（こちらは最初の贈り物にちなんで「エルメス」と呼ばれる）との会話やデートの際の服装、贈り物等の相談事をスレッド住人達に持ち込み、住人たちがそれに対して様々な（時に野次馬的な）アドバイスを与えては恋の進展を見守り、あれこれと盛り上がる展開の繰り返しで成り立っている。

643　名前：731こと電車男　投稿日：04／03／16　20：00
ダメだ…
もう何が何だか…

女の人になんか電話なんかかけられん…＿｜ ̄｜○

650　名前：731こと電車男投稿日：04／03／16　20：03
マジでどうすりゃいのかわかんねぇよ！ヽ(｀Д´)ノ
今すぐ電話すんの？え drftgy ふじこ lp＠

653　名前：Mr．名無しさん投稿日：04／03／16　20：04
電話は失礼すぎるだろ？
しかし、難しい状況だから少々強引に行かなくては進展は望めないな。
「これも何かの縁ですし今度食事でも」みたいな返事書けば？

656　名前：Mr．名無しさん投稿日：04／03／16　20：06
＞電車男
待て。そのカップは何個だ？

661　名前：Mr．名無しさん投稿日；04／03／1620・11
この元カプール板住人の俺がアドバイスしてやる。

電話だ。電話を汁！
届きましたって報告はしておいた方がいい。

素敵なカプーをありがとうございます、みたいな感じで相手の感性を誉める。

で、いつもあの電車使われるんですか？みたいな世間話へ持っていくんだ！
（同サイト http :／／www.geocities.co.jp/Milkyway-Aquarius/7075/trainman 1.html　から引用）

　本作内では基本的に情景や心理描写における「地の文」は存在せず、すべて掲示板上での会話（やりとり）によって状況が説明される。前掲引用にも見られるとおり、「女の人になんか電話なんかかけられん…＿｜￣｜○」や「マジでどうすりゃいのかわかんねぇよ！､(｀Д´)ノ」等の、文末に添加されたアスキーアート（あるいは顔文字に類するもの）のほか、「今すぐ電話すんの？え drftgy ふじこ lp@」、「電話だ。電話を汁！」[26]といった『２ちゃんねる』独特の言い回しや用語が多用され、中には書き込み全体がアスキーアートで構成されているもの[27]もある。
　元来こうしたアスキーアートや顔文字は、（２ちゃんねるに限らず）電子メールや掲示板上で自分の発言、文章のニュアンスを伝えやすくするために補助的に使われてきたが、２ちゃんねるにおいては次第にアスキーアートそのものが単体で意味をなしている、あるいはある書き込みとそれに対する返答（リアクション）自体が定型化したもの等の発展を遂げ、他のインターネット・コミュニティ上には見られない独特な雰囲気（いわゆる"２ちゃんねる的"、と言われる）を形成してきた。
　『電車男』のスレッドにおいてもこうした特徴が見られ、物語そのものは最終的に電車男とヒロイン・エルメスの恋が成就し、スレッド住人達がそれを祝福するという順当な「ハッピーエンド」を迎えるが、スレッド住人たちによる２ちゃんねるキャラクターやマンガ作品パロディのアスキーアート、そして２ちゃんねる用語による電車男への励まし、揶揄、あるいは祝福の書き込みが、２ちゃんねるという空間の雰囲気を感じさせ「一つの恋愛が成就する様子を見守る人々」の一体感をより強く演出する効果を生み出していると言えよう。
　このような『電車男』の作品構成は、2004年の書籍化[28]に際してもその

まま組み込まれており、横書き左綴じの紙面に、アスキーアートを含む掲示板ログ（書き込み記録）と同様の形式で（書籍として再構成する過程で書き込みの取捨選択や整形、誤字脱字の修正は行なわれている）掲載されている。同書籍版は上述のような独特の紙面構成であることに加え、アスキーアートや２ちゃんねる用語が多用されていることもあって、それらの様式に慣れていない読者には非常に読みにくい（話の流れを掴むことが困難な）印象を与えるものとなっているが、それでもあえて解説や地の文を加えたり、第三者によるドキュメンタリー・ルポ形式に改変する手法を採らず、「ログそのままの再録」という形で提示することで、作品の中核が単に電車男とエルメスという「二人の恋愛物語」の展開を綴ることにあるのではなく、そこに関わった人々（掲示板ユーザー、すなわち２ちゃんねるユーザー）のリアクションを含めた「場の雰囲気」そのもの、やりとりのテンポや「場の雰囲気」が作り上げられる生の過程を味わう（伝える）ことにあるという印象をより強くしている。

　同作の、特に書籍版を含めた多メディア展開の成功は、そうした「場の雰囲気」、つまり"リアル感"[29]の演出と同時に、「見ず知らずの人々が、気弱な青年の恋に協力し、成功に導く」という誰にとっても受け入れやすく心温まる物語として進行していったこと、つまり「目新しさ」と「皆が共感可能な物語」を共に内包する物語として受容された点にあると言えよう。言い換えれば、『電車男』の物語自体は、作品内にちりばめられた「インターネット掲示板」、「秋葉原」、「フタク」といった同時代的・先端的なキーワードとは裏腹に、ハッピーエンドを期待する読者を何一つ裏切ることがない、恋愛劇としては非常にオーソドックスで穏当な展開を見せる作品であると言えよう。

コミュニティ成果物の利用をめぐって

　この『電車男』の書籍としての成功は、同時期の「アキバ系」、「オタク文化」への注目とともにインターネットコミュニティ、特に２ちゃんねるとそ

のコンテンツの認知に一定の役割を果たすこととなった。しかし同作による2ちゃんねるコミュニティの認知はもっぱら『電車男』的スレッド、すなわち「リアル」に進行する実話的コンテンツ（恋愛、身近な悲喜劇を語る場）への注目という形で行なわれ、かならずしも2ちゃんねるコミュニティを構成するユーザー自体の同意や盛り上がりに応じたものではなかったため、2ちゃんねる自体に対する本質的な理解や受け入れが進展したとは言い難い面もある。

　また、『電車男』書籍化、映像化の際にも議論になったように、2ちゃんねるコミュニティにおけるコンテンツの、特に権利面での扱いはきわめて曖昧な状況であると言ってよく、現状では漠然とした「共有物」としてコミュニティ内で認知され、きわめてグレーゾーンに近い形で利用されているのが実情であると言えよう。サイト開設者であり管理人（実質的なコミュニティ代表者）でもある「ひろゆき」[30]は、

　　自由に使ってほしいんですけど、2ちゃんねるのコンテンツをタダで再利用したり、オイラの知らないところで書籍や映画にするのはやめて欲しいなーと思ってます。
（牧野和夫、西村博之『2ちゃんねるで学ぶ著作権』アスキー、2006、p.178）

と2ちゃんねるユーザーに対しては「自由に使って欲しい」と述べる反面、2ちゃんねるの知名度が向上し他のメディアでの二次利用や転載が増加してきた実情をふまえ、「自分の関知できないところで書籍や映画にするのはやめてほしい」と言及している。これまで2ちゃんねるコミュニティにおけるアスキーアートやFlashムービー、あるいは「ネタ」などのコンテンツは、権利面での整備を厳密には行っておらず、またあえて厳密にしないことでコミュニティの盛り上がりや二次創作を活発化させるという一面から、ある種の黙認状態にあったと言える。しかし、このように2ちゃんねるコミュニティとその内部で形成されるさまざまな創作物の認知が広まるにつれ、そう

した「曖昧さ」がネットの内外でさまざまな軋轢を生み出すケースも見られるようになってきた。そうしたケースの嚆矢となったのが2ちゃんねるのアスキーアート「ギコ猫」のキャラクター版権を巡ってタカラと2ちゃんねるコミュニティの間に起きた2002年の騒動[31]であるが、以降もアスキーアートキャラクターやスレッドの書き込み（ネタ）の書籍化、あるいは「アスキーアートをもとにデザインされたキャラクター」を利用した二次創作「のまネコ」のキャラクター化をめぐる音楽企業エイベックスと2ちゃんねるコミュニティとのトラブル（2005年[32]）などのケースが生じている。また近年、こうした問題は企業やメディアといったインターネット外だけではなく、ブログやSNS等、2ちゃんねるのコンテンツを引用しているインターネットサイト、あるいは他のコミュニティとのトラブルとしてさらなる広がりを見せてもいる。

大規模掲示板サイトの変化

このような軋轢は、特に2ちゃんねるの巨大化、各掲示板、スレッドの細分化が進み、ユーザーの帰属意識が2ちゃんねる全体ではなく個々のスレッドへとシフトしていることにも起因している。またそれら個々のスレッドにおいても、内部の連帯感やコンテンツへの愛着、あるいは前述したこれまでのトラブル経緯から、そうした状況に無理解なまま創作物を二次利用しようとする他メディアに対する不信感が高まっている傾向が見られ、2ちゃんねる内で積極的にコンテンツを公開したり、あるいは新聞や雑誌、テレビといった外部メディアで取り上げられることをことさらに評価する傾向は見られない。

また、外環境の変化、特に2ちゃんねるの規模も他メディアでの注目度も、そしてコンテンツが持つ影響力も確かに開設当初よりも遙かに大きなものとなってはいるものの、その反面で2ちゃんねる全体での統一性やコミュニティ全体の帰属意識は、大くくりな「2ちゃんねらー」という概念や意識と同様にむしろ弱まってさえいる。2ちゃんねるの成果物が外部で認知され

たその時点で、トレンドとしての2ちゃんねる、『電車男』に登場するような牧歌的コミュニティは2ちゃんねる内部においてすら稀な、まさに"奇跡的"なものになっていたと言えよう。

それ以降の2ちゃんねるの一般的イメージは、むしろ「ネット右翼」や「サヨク工作員」[33]といったイデオロギー的な混沌、あるいは「ニート」や「ゆとり」[34]等の社会的立場に対するレッテル付けと攻撃の場——実際はともかくとして——として定着してしまった面があり、コミュニティの内外から寄せられるそうした否定的側面の強調が、より2ちゃんねると他のメディアとの軋轢や誤解を強めていると言えよう。

2ちゃんねるは1999年の発足から2000年代初頭の爆発的ユーザー増加と発展、さらに固有のコンテンツを抱えるインターネット上の一大"文化圏"として成長した。マンガやアニメ、テレビドラマといった日本のサブカルチャーを背景に、時事的な話題も揶揄やパロディの対象として取り込み貪欲に成長しつづける2ちゃんねるの姿勢は、正負の両面で日本のインターネットコミュニティとその文化に巨大な影響を与えてきたことは論をまたない。だが皮肉にもその巨大さ故に、また社会的注目度のゆえに、2ちゃんねるはコミュニティとしてのまとまりやコミュニケーションの場としての充分な成熟がなされる前に他メディアによる"コンテンツ採集場"として荒らされ、あるいは政治的アジテーションの場として使われすぎてしまった面があると言えよう。

かつての「職人」や硬軟含めた情報通が集う場所としての2ちゃんねるは今や遙か彼方へ後退してしまい、ネットの暗部を象徴するコミュニティであるかのようなイメージ付けすらなされようとしている。

独特のアナーキズムや混沌性、すなわち"統制のなさ"を売り物として成長してきた2ちゃんねるは、今その"統制のなさ"ゆえ、そしてその影響力と規模の巨大さ故に、きわめて難しい舵取りを迫られていると言えよう。

上述した2ちゃんねるのインターネット・コミュニティの規模と社会的認知の広がりは、同時期に進行したインターネット利用人口の増加と通信速度

の増加に対応したものでもあったが、それら技術環境面のさらなる進歩は 2 ちゃんねるのような「掲示板サイトでの文字によるコミュニティ」とは異なるサービス、またコミュニティの形成を促し、2005年以降インターネットサービスの主流となるに至った。次項では、その展開について触れてみよう。

第 4 節　2000年代以降――動画共有サービスと SNS サイト

大容量通信時代のコミュニティ

　インターネットの利用人口は2006年末には8754万人（携帯電話やゲーム機からの利用も含む）にのぼり、人口普及率は68パーセントを超えた[35]。また2000年代に入ってからは回線の高速化が進み、非対称線接続（ADSL）や光回線接続（FTTH）等1990年代末まで主流だったダイヤルアップの数十～数百倍の速度による通信が主流となったこともあって、インターネット上で提供されるサービスやその利用法にも大きな変化が生じている。こうした環境の進歩をもっとも直接的に反映したのは、2005年に開設された YouTube（http://www.youtube.com/）を代表とする動画投稿サイトの登場である。従来、高速・大容量の通信環境を必要とする映画、動画作品の配信は、ストリーミング配信（データを受信後、すぐに再生する方式）されているものを専用のソフトウェア[36]で再生する、あるいは Flash などアニメーション機能をもったソフトウェアを使い、ウェブブラウザ上で擬似的に再生するといった手法が採られていた（前項で取り上げた Flash ムービーもこれに含まれる）。しかし高速通信が普及・定着した2005年前後からは、ウェブブラウザ上で直接動画を再生する手法（前掲の Flash と同じソフトウェア上で再生できる Flash Video 形式等）が主流となっていった。この方式によってユー

ザー自身から提供された動画データを自由に検索し鑑賞できる形で公開するサービスが、YouTube やニコニコ動画（http://www.nicovideo.jp/）をはじめとした「動画共有サービス」と呼ばれる一連のサイトである。

　動画共有サービスは、基本的に企業によって運営されるウェブサイト上に各ユーザーが作成した動画ファイルをアップロードし、それをサイトを訪れた人々がウェブブラウザ経由で自由に閲覧できる環境を提供するもので、個人が作成したいわゆる「ホームビデオ」的な作品から、企業や政党の提供によるものさらには映画やテレビドラマ等商業作品を無断でエンコード[37]したものまで多種多様（各動画共有サイトによって主流となる作品傾向は異なる）である。米国の YouTube のサービス開始を契機として全世界で類似のサービスが多数提供されるようになり、特に日本国内においては2006年からサービスを開始したニコニコ動画を筆頭にさまざまな作品やコミュニティ内での流行を生むようになった。現在、動画共有サービスを提供する主なサイトには、YouTube、ニコニコ動画の他に米国の Veoh（http://www.veoh.com/）や中国の Youku（簡体字表記は「优酷网」http://www.youku.com/）等があるが、ブロードバンド環境の普及によって全世界的に同様のサービスが普及し始めており、それらは今後も拡大傾向にあると言えよう。

YouTube の登場

　その嚆矢である YouTube は2005年に開設されたサイトで、運営する企業 YouTube, LLC は本社をアメリカ合衆国のカリフォルニア州サンブルノに置き、現在日本を含めた9カ国語に対応しサービスを展開している。同サービスは会員登録制であるが、登録しなくても閲覧のみであればだれでも自由に（また無料で）行うことができる。一方、会員登録したユーザーは動画ファイルの投稿（時間は10分間、容量100 MB まで）をはじめ、動画への感想コメントや、5段階マークによる評価付け、ユーザー同士での動画共有等の機能が利用できるようになっている。2008年7月現在、『YouTube』のサービスはすべて広告収入によって運営されており、登録ユーザーへの課金や閲覧

の有料化といった方針は取られていない。なお、アップロードできるのは動画ファイルに限定され、音声のみのファイルの投稿は行えない。YouTube は2005年頃から、人気のテレビ番組や歌手のプロモーション・ビデオがアップロードされるなどコンテンツの"充実ぶり"が米国のインターネットユーザーの間で話題となり、1年あまりで爆発的にユーザーを増やした。2007年5月21日時点で8000万の動画が公開されており、1日あたり35000本の動画投稿があることがプレスリリースで発表される等、ここ3年あまりの間でもっとも成功したインターネット・サービスの一つとして、また第1章で述べたWeb2.0の代表的存在として注目されている。

　先行者のアドバンテージに加え、動画を分類するためのタグ（種類分けのためのキーワード）付けや、そのタグをもとにした関連動画の表示等機能が充実していたことが、急速な拡大成長の要因として挙げられる。

　また、サイトのキャッチコピー"Broadcast Yourself."が示すように、サイト本来の主旨は「ユーザーが撮影、作成した動画の公開、共有」であったが、実際には映画作品やテレビ番組、楽曲のプロモーション・ビデオ等、著作権法上は"違法"となる動画が大量にアップロードされており、開設当初からの問題となっている。

　だが実際はこうした違法コンテンツこそがYouTubeのユーザーを爆発的に増加させた「陰の主役」ともいえるものであり、YouTubeの成功に追随して開設された後発の動画共有サービス（後述）においても同様の問題が発生しているが、YouTubeの成長とともに強く認識されるようになったインタラクティブな動画視聴（視聴したいコンテンツを検索し、見たいときにみる方式）への需要は、こうした著作権問題解決の必要性と同時に、既存の放送・流通媒体に多くの示唆を与えることになった。2006年以降、YouTubeでは政府機関や大学、一般企業の広報番組や授業内容等を公開するコンテンツを展開する等、既存メディアでは対応しきれないニッチなジャンルのコンテンツ需要や、視聴傾向の多様化に対応した動画提供に進出しようとしている。

「ニコニコ動画」の登場

　このYouTubeに追随する形で2006年に開設された日本の動画共有サイトがニコニコ動画である。同サイトはYouTubeと同様、動画の公開と視聴を主なサービス（視聴には無料の会員登録が必要）としている。2007年１月15日の運営開始からわずか１年あまりで一般会員登録数が500万人を超え、視聴時間や回線速度、アップロードできるファイル容量等の面で優遇される[38]有料の「プレミア会員」は17万人と、驚異的な伸びを示した（下にニコニコ動画の実際の投稿画面を挙げた）。

　このニコニコ動画の大きな特徴となっているのは、動画に「直接」コメントを付けることができる点だ。

　動画に感想コメントを付けること自体はYouTubeはじめ他の動画共有サービスでも可能だが、ニコニコ動画の場合、「非同期ライブ」と呼ばれる

図２　ニコニコ動画の画面例　http://www.nicovideo.jp/watch/sm 4337877

動画上部にユーザーによるコメントが表示されている。

手法で動画の内容や進行に応じたコメント表示を実現している。これは、スポーツ観戦時の声援や歌舞伎の「大向こう」のように、映像の盛り上がりや内容に即したコメントを、その動画内において投稿されたタイミング順に表示する機能である。この機能により、コメントは投稿された実時間ではなく、常に動画内の時間に対応して表示される。そのためユーザーの投稿時間がずれていても動画の同じタイミング（経過時間）にコメントが投稿されていれば、そのコメントは動画上に同時に表示される（例えば、サッカーの試合動画を見ているユーザーAが、5分目のタイミングで「がんばれ！」とコメントを投稿したとする。そして翌日にユーザーBが同じ動画を見て、同じ5分目に「そこだ！」と投稿した場合、そのサッカー試合動画の5分目には「がんばれ！」と「そこだ！」というコメントが同時に表示されることになる）。これにより、「視聴ユーザーが書き込んだ順番で感想コメントが並んでいる」という従来の掲示板のような方式ではなく、「この動画を見ているユーザーが、どの場面で盛り上がりながら動画を鑑賞しているか、また同じ場面を見ながら他のユーザーはどのように感じているのか」をより把握しやすい、臨場感や一体感のある動画鑑賞が可能になった。

　また、この投稿コメントは通常、画面の右から左へ流れ、およそ3秒間表示されて消える方式（そのため、多数のコメントが一度に書き込まれていると、画面上が表示されたコメントで埋め尽くされることになる。この状況はニコニコ動画のユーザー間で「弾幕」と呼ばれている）であるが、コメントの配色や表示位置を設定できる「コマンド機能」を利用することで、より複雑な、あるいはより効果的な表示（コメントに映画の字幕のような役割を持たせる等）が可能になっているほか、2ちゃんねるにおけるアスキーアートのように、コメントの文字列によって別のキャラクターや顔文字などを表示させることもできる。これは「コメントアート」[39]とも呼ばれ、それを巧みに作るユーザーを指して「職人」と呼んだりもするが、このコメントアートの題材をはじめ、ニコニコ動画のユーザー文化には2ちゃんねるに通じる点が多い。ニコニコ動画の運営を行っている企業「ニワンゴ」[40]の取締役とし

て、2ちゃんねる代表の西村博之が名を連ねている等、企業面でのつながりを主として、現在インターネットにおける文化現象の筆頭トレンドからは退きつつある2ちゃんねるの、いわば後継的役割を担っているのがニコニコ動画であると言えよう。

そのほか、動画の公開・視聴以外にも、動画に関連したキーワードや解説を付けることのできる「ニコニコ大百科」[41]や動画に関連した商品広告をアマゾンやYahoo！ショッピング等から登録し、購入することのできる「ニコニコ市場」[42]など、投稿動画を中心とした多様な機能を提供している。このように動画を中心にした他サービスとの連携をはじめ、2ちゃんねるを中心にしたインターネット上の流行やキャラクターを積極的に取り込み、ユーザーの囲い込みとマーケティングを行うことが同サービスの（すなわち運営企業であるニワンゴの）ビジネスモデルとなっているが、これは2ちゃんねる以降顕著になったインターネット・コミュニティのマーケティングへの適性[43]を見据えたものであると同時に、回線高速化とSNSを中心とするミニ・コミュニティへとその指向が進んだ2005年以降のインターネット・コミュニティの特徴を反映したものであると言える。

またニコニコ動画はYouTubeをはじめとする他の動画共有サイトと比較して、2ちゃんねる等他のインターネット・コミュニティもしくは自サイト内での流行をもとにした独自のコンテンツを生成しているという特徴がある。これには音声合成ソフト「初音ミク」[44]と動画を組み合わせた作品の流行であったり、タレントの吉幾三のヒット曲と他の曲を組み合わせた作品の流行[45]などがある。この「2つ以上の作品を組み合わせて別作品を作り上げる」という手法自体は「MAD（マッド）作品」と呼ばれ、インターネット上でもニコニコ動画における流行以前から動画、音声作品のパロディ手法として定着していたもの（2ちゃんねるにおけるFlashムービー作品群の中にも同様の作品が数多く見られる）だが、ニコニコ動画のそれは動画の共有・公開サービスであるという特性、特に先述のコメント機能が使われることでユーザー間の感想や盛り上がりが可視化しやすく、次の作品、別の作品

の創作へつながるモチベーションを得やすい。そのため、ニコニコ動画における MAD 作品の流行はかつての Flash ムービーにおけるそれよりも大規模で、かつ大量の作品が作成され流通する傾向があるが、同時にこのような MAD 作品は当然ながら著作権上の問題を多く抱えている。現在ニコニコ動画上で公開されている MAD 作品や既流通作品（市販の映画 DVD や音楽 CD）を利用した作品のほとんどは"グレーゾーン"、すなわち著作権者の対応によっては削除あるいは著作財産権の侵害を訴えられかねない状況にあるものだ。ニコニコ動画はこの問題に対し、基本的対応は問題のある作品の削除（公開停止）という措置を中心にしつつ、2008年5月に一つの方策として「ニコニコモンズ」を打ち出している。

著作権をめぐる試み

「ニコニコモンズ」は、著作者が作品の権利の一部を開放し、その使用条件を明示することで作品の公開、また他のクリエイターとのコラボレーションの機会を提供する、というライセンス形態である。すなわち「ニコニコモンズ」に登録された動画、楽曲作品の二次利用を条件付き（後述）でその二次利用促進を図るもので、登録できる作品は原則として自分で作成したもののみだが、権利処理が明確になされていれば他者の創作物やそれを含んだものも登録できる（すなわち MAD 作品の登録も可能になる）。登録作品にはそれぞれ条件（ライセンス）を設定できるが、これは「営利目的での利用をする際の対応」と「作品の利用許諾範囲」について、規定のものから自分の希望するパターンを選択するものだ（次頁の表を参照）。

この他、「ライセンス条件には反しないが望まない利用の仕方」を作品に付記することができ、利用者はそれを尊重しなければならない（例えば政治、宗教に関するパロディとして利用されることなどを忌避したい場合など）。権利侵害が発生した場合の対処としては権利者の申請に基づいて削除を行ない、削除された作品をダウンロードした利用者は二次創作作品の公開停止等、元コンテンツの権利を侵害しない方策を採らねばならない。また営

利目的の利用を希望する（二次創作作品の販売や商用作品への利用をしたい場合など）には有償でのライセンス交付が行えるが、その条件設定やトラブル発生時の交渉等は当事者間で行なうことが求められている。2008年7月現在ではまだ試行錯誤の段階ではあるものの、これまで多くの動画共有サービス（あるいは他のインターネット・コミュニティ）の課題となってきたコンテンツの二次利用や商用作品利用のガイドラインについて、解決に向けた基準を設けようという姿勢は画期的なものであると言えよう。とはいえ、実際にコンテンツを提供する（使用を許諾する）クリエイターやメディア企業を確保し続けていけるのか、またニコニコモンズへの登録を行なうサーバ管理を、ニコニコ動画運営企業であるニワンゴ内に置かれた「ニコニ・コモンズ事務局」が行なうことによる将来的なライセンスの安定（ニワンゴの経営判断等により、ライセンス内容が変更される可能性があること）への信頼性など課題は多い。2ちゃんねるの項目でも述べたように現在のインターネット・コミュニティとそのユーザー嗜好はより細分化される傾向にあり、メディア企業側がコンテンツを提供することによって得られる広告効果やその効率は限定されている。コミュニティ内の嗜好や流行の動向は掴みやすくなるが、細分化によってそれぞれの"パイ"（市場規模）は小さいものになるからだ。いずれにせよ「ニコニ・コモンズ」のみでは、現在の動画共有サー

表1　ニコニ・コモンズの許諾パターン

営利目的での利用	無償で自由に利用してかまわない
	非営利目的のみ
	別途許諾が必要
作品の利用許可範囲	ニコニ・コモンズ対応サイト（※）のみ
	インターネット全体に許可する

※2008年9月現在、「SMILE VIDEO」（ニコニコ動画のファイルをアップロードするサイト）のみのため、実質的にはニコニコ動画内のみでの許諾となる。
（ニコニコ動画ウェブサイトの作品利用者向けガイドライン　http://help.nicovideo.jp/niconicommons/use_guideline/から櫻庭が作成）

ビス全体が抱える著作権問題解決のカギとはなりにくい（ニコニコ動画内におけるニコニコモンズ自体の存在意義自体も当面はかなり限定的なものになるだろう）。YouTube を含め、今後の動画共有サービスの動向は、コミュニティ内での運用性も考慮した著作権、そして二次使用問題の解決にかかっていると言える。

第5節　SNS サイトにおけるコミュニティ

"SNS"の概要と定義について

　動画共有サービスの勃興とほぼ同時期（あるいはその直前）に、特に国内においてさかんになり始めたサービスが「SNS（ソーシャル・ネットワークサービス）」である。

　これは SNS は固定した一つのサービスを指す用語ではなく、広範に「社会的な対人コミュニティを形成できる機能を提供するサービス」を指す。言い換えれば、「ユーザーが自己の（あるいは自己として設定した）情報を登録でき」、「その自己情報を ID としてサイト内のサービスに参加し」、「同じようにサービスに参加している他のユーザーと交流できる」ウェブサイト、すなわちブログ[46]あるいはコメントを投稿する掲示板、あるいはニュース・トピックなどの話題を提供する情報が複合的に提供され、ユーザー間の交流、コミュニティが成立しているウェブサイトであれば SNS と呼ばれることになる。日本では早くからサービスを開始しその代表的存在となった「mixi」（ミクシィ[47]）が有名だが、広義には前項で述べた YouTube やニコニコ動画も、「動画投稿を介して他ユーザーと交流を行なう」タイプの SNS として、また Yahoo! Japan や Slashdot[48]のようにブログサービスを併設したポータルサイトや電子掲示板機能を中心に提供するサイトも SNS の一種

として分類できるため、本来の定義からすれば、インターネット上に存在するほとんどのサービスがSNSに含まれることになる（インターネット、特にウェブ上のサービス全体がそもそも"ソーシャルネットワーク・サービス"と言える）。そのため当然ながら、対人コミュニティ形成の形態やその位置づけもサービスごとにかなりの温度差があり、また一般般的な「SNS」としての認知と乖離をきたす場合も多い。そこで本項ではコミュニティ形成とユーザー間の交流を主軸としたサービスを展開した前掲mixiを中心に、日本におけるSNS型サービスの現状とそのコミュニティ特性を述べていくこととする。

第6節　「mixi」の展開と意義

mixiの概要

　mixiは2004年2月にサービスが開始された。サービス開始時期は国内最初期に属し（同じ2004年には「GREE」[49]も開設されている）、現在のユーザー数は1500万人[50]と、最大規模のSNSとなっている。mixiは他のSNS同様、個人の登録情報（名前や性別、住所、趣味など）や日記、他のユーザーとの電子メール（同サービス内では「メッセージ」と呼ばれる）を提供しているが、18歳以上で、なおかつ他ユーザーからの「招待メール」[51]を経由しないとユーザーとして登録できない「招待制」であること、またどんなユーザーが自分の日記や情報ページにアクセスしたかが記録される「足あと」機能など、いくつかの点で特徴的なしくみを導入している。またそのことがmixiにおけるコミュニティ形成に2ちゃんねる等匿名型掲示板と異なる特色を持たせていると言える。その点を以下に見ていこう。

　まずmixiに参加する際には、前述の通りすでに参加しているユーザーか

第2章　日本におけるコンピュータ・ネットワークの発達とコミュニティの形成　51

図3　mixi 画面例（2009年10月）

mixi のユーザートップページ（上）と、日記ページの例（下）。トップページには各アカウントごとにハンドルや自画像、マイミクなどの情報が表示される。

らの「招待」が必要となる。これはmixiのサイト内から対象ユーザーに電子メールを送り、そのメールを通して登録を行なう[52]。他の同様のサービスを行なうサイト（例えば「GREE」など）でも、同様の手順が必要なSNSサイトは多い。これは参加ユーザー同士をそれぞれ実際の人間関係に基づいて"ひも付け"をすることで、際限なしに匿名のユーザーが参加することを防ぎ、コミュニティがトラブルや違法利用等で荒れることを防ぐ意味合いがある。招待されたユーザーは招待元ユーザーの「マイミク」（"マイミクシィ"の略。mixi内における友人、あるいは知己としての関係を表す造語）として扱われ、メッセージのやりとりや日記の閲覧など互いの情報を交換できるようになる。「マイミク」は加入後も自分から申請メッセージを送ったり逆に相手から送られることで増やすことが可能であり、「マイミク」と「マイミク」との交流（一般社会における"友人の友人"にあたる）、さらにその「マイミク」と……といった様に多角的な人間関係を構築することが可能だ。

　mixi内におけるこの関係は、一般的に実社会での友人関係（会社の同僚や大学サークルの友人といったような）に基づいて構築され始めることが多い。この、加入後初期の交流を多くの場合実際につきあいのある（ネット外でもなんらかの関係を持っており、匿名性が薄い）ユーザー間で作られるという点にmixiの特色があり、さらにそこから「コミュニティ」（ここではmixi上で機能として提供されているものを指す）と呼ばれる共通の趣味や話題に応じたユーザー同士の集まりに所属する、特定のニュースや話題に関する他ユーザーの日記（意見）を読む等、ユーザー自身の意志に応じた利用が可能になっている。

mixiの特徴

　また「足あと」と呼ばれる、自分のページにどんな人が、何人アクセスしたか（自分の自己紹介や日記がどれだけ閲覧されたか）を示す機能が用意されているため、ウェブサイトにおける「アクセスカウンター」と同様、アク

セスした数自体をモチベーションにすることや、「マイミク」中の誰が自分のページに頻繁にアクセスしてくれているか等、人間関係の"密度"を可視化できるのも mixi の特徴だ。これらの機能は基本的に前述した mixi のウェブサイトとしての安定性（"荒れ"の防止）とリピートアクセス（繰り返しそのウェブサイトを訪問すること）の増加を主目的としたものだが、同時に mixi におけるコミュニティのあり方を次のように特徴づけている。まず登録 ID 制を採らない掲示板コミュニティよりも匿名性が低く、ユーザー同士が知己あるいは知己でなくとも発言元のユーザーをたどりやすいため、2ちゃんねる等に見られるような大規模なトラブルや違法利用が発生しにくい（逆に mixi 内で発生したトラブルが2ちゃんねるなどで話題となり、いわゆる"祭り"[53]となる状況はしばしば見受けられる）。また、基本的に各ユーザーが自分の ID を使ってコミュニティ内における行動をとるため、形成されるコミュニティやその活動は比較的小規模な、ユーザーごとに対応しきれる規模に収まることが多い。結果的に実社会での関係を反映した「職場、学校の親睦会」的なコミュニティが多く見られるのもそのためだ。これらの特性は mixi のコミュニティ傾向を比較的「安心」でき、トラブルの少ない見通しの良いものにしている。その規模、そして運営面ではかつてのパソコン通信に近い側面があると言えるだろう。だがその反面で2ちゃんねるに見られるようなコミュニティ独自の文化やサイトを代表するようなキャラクターが未だ生まれておらず、コミュニティもニコニコ動画同様、運営企業の動向が強く反映されたものになっている傾向が見られる。いずれにせよ、mixi のコミュニティとしての見通しのよさ、2ちゃんねる等と比較して"安心して利用できる"とされる面の多くは企業としてのミクシィの運営方針とそのノウハウに依存している面がある。

　現時点でこそ、ユーザー相互のコミュニケーションを安心して行える点をブランドとしている mixi ではあるが、今後企業としての成長（＝顧客の増大）を求められた際に先に mixi の特徴として挙げた「招待制」や年齢制限の撤廃を行うことも考えられる。それは単純なユーザー数や閲覧機会の増

といった成果に結びつきやすくはあるが、反面でmixi独自の特色やブランド力を失う結果にもなりかねない。「誰もが自由に発言、活動できるネットコミュニティ」という点だけ見るならば、先行する2ちゃんねるの方がコミュニティとしての規模ははるかに巨大であり、同時に、AAや「2ちゃんねる用語」をはじめ日本のインターネット文化における（正負両面の）影響力、ブランド力も圧倒的なものがある。こうした状況に対して、mixiがこれまでの特色を捨て、あえて「アクセス数の多いコミュニティサイト」を目指すという方策をとることも考えられるが、それはユーザー流入による活気あるコミュニティ形成を期待できる反面、これまでに築き上げたブランドの、またコミュニティとしてのmixiの迷走につながっていきかねない危険をはらんでいると言えよう。

　とはいえ、2ちゃんねるほどのコミュニティが一丸・一体となったダイナミズムを持つことは確かに難しいかもしれないが、インターネット・コミュニティの規模適正化（リサイズ）の現れとして、また他メディアとの向き合い方（つきあい方）の一例として、少なくとも2008年9月現在のmixiは、ニコニコ動画の「ニコニコモンズ」と同様注目すべきコミュニティであり、その活動であると言えるだろう。

注

1) 回線を保有し通信サービスを行なう「第一種通信事業者」と、第一種通信事業者から回線を借り受けて通信サービスを行なう「第二種通信事業者」への民間参入が自由化された。
2) パソコン通信はインターネットにおける TCP/IP のような通信プロトコルを使わず、文字データをそのまま送信（無手順送信）する。そのため特別な設定（XMODEM 等の通信プロトコルを利用する）もしくはソフトウェア（ish 等、画像やアプリケーションのバイナリデータをテキストデータに変換するもの）を利用することでしか文字以外のデータを送信できない。ネットワーク構成については、下記の概念図参照。

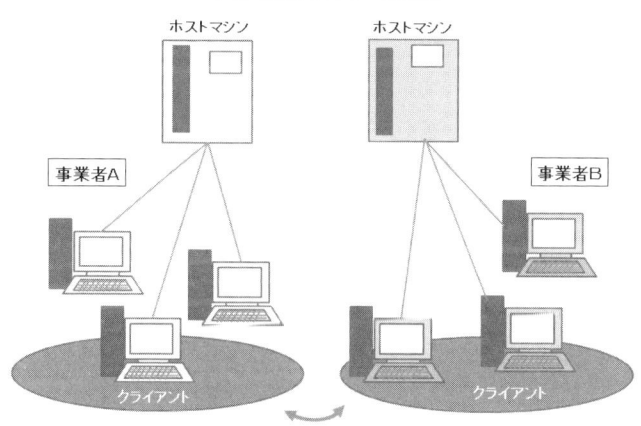

パソコン通信のネットワーク概念図

一部事業者間では、相互通信が可能

3) 1986年に富士通と日商岩井が、米国のパソコン通信大手「Compuserve」と提携し発足したパソコン通信サービス企業。インターネット普及後はインターネット・プロバイダサービス企業「@nifty」となった。同社によるパソコン通信サービスの提供は2006年3月に終了している。
4) 日本電気通信（NEC）により運営されていたパソコン通信サービス企業。インターネット普及後は同じく日本電気通信を親会社とする「Biglobe」と合併の後、2001年にサービスを停止している。
5) ニフティと CompuServe など、一部の提携関係にあるパソコン通信事業者間

ではサービスの相互乗り入れが行なわれていた。

6） ユーザーはホスト局の所在地に直接電話をかけなければならず、通常の料金体系同様、それが遠隔地であればあるほど金銭的な負担が増加した。大手のパソコン通信事業者は各地にホスト局を設置し、遠隔地同士であっても比較的アクセスしやすい環境を提供するなどしていたが、草の根BBSをはじめとする小規模、あるいは個人で運営されているホストへのアクセスは電話回線の確保をはじめ負担が大きかった。

7） 『ゲームセンターあらし』(1978年・小学館)、『こんにちはマイコン』(1982年・小学館) など主にコンピュータや電子ゲームを題材とした少年向けマンガを手がけ、前者はテレビアニメ化もされた。またすがやは日本におけるパソコン通信普及以前から米国のパソコン通信サービス「The Source」を利用し海外のF1レースの情報収集等をしており、1987年ニフティサーブがサービスを開始した際には「モータースポーツ・フォーラム」のシスオペとして会議室を主催した。

8） 1960年代からギタリストとして活躍。コンピュータ・オペレーターをしていた前歴からパソコンに造詣が深く、早くから海外のパソコン通信サービスを利用していた。国内ではPC-VANの「NEC 98 by チアリ」(のちに『チアリ・コンピュータワールド』と改称) を主催し、SIGを務める。同会議室はパソコン通信サービスにおけるオンラインソフト (ネットワーク経由で提供されるソフトウェア) 集積・配布の中心的存在として活況を呈した。

9） 昭和60年 (1985年) 4月刊行のパソコン雑誌 (ムック)『パソコン通信ハンドブック』(アスキー刊) ではパソコン通信を利用している著名人として8)で挙げたクロード・チアリのインタビュー記事が掲載されている。

10） 各フォーラムに対するユーザーのアクセス時間の総計に応じて、シスオペに報酬が支払われた (Niftyのケース)。

11） 通常、掲示板での発言では「ハンドル」(掲示板コミュニティ上でユーザー自身が名乗る別名) が使われるが、ハンドルと同時にユーザーごとに振られたIDが表示されるため、発言者と実人物の同定は (運営者側にとって) 容易であった。また頻繁にオフ会が行われる、あるいはもともと職場の同僚や大学サークルによって運営されているような掲示板では、参加者全員が「顔見知り」であるケースもあった。いずれにせよ、パソコン通信時代の掲示板コミュニティにおいては、規模とシステムの両面で、「匿名発言を行う」ことは困難

第2章　日本におけるコンピュータ・ネットワークの発達とコミュニティの形成　57

であったと言える。これに対し、今日社会的事件とからめて話題になることの多いインターネット上の「匿名掲示板」は、単に本名を名乗らないだけでなく、掲示板への投稿時にサーバに記録されるIPアドレス（ネットワーク機器個々に割り当てられた番号で、インターネットにおける住所、あるいは身元表示の役割を果たす）のログを保存せず、発言者の身元割り出しが極めて困難な状態で運営されている掲示板を指すことが多い。

12) 　無論2ちゃんねるにおいても各スレッドの進行を円滑にするための"自治"活動は存在するし、無用な軋轢を避けるためのコミュニティ内における「公共性」は存在するため、今日一部の印象としてあるような「無秩序」状態にある2ちゃんねる内コミュニティは少ない。次ページの画像は2ちゃんねるのスレッドにおける自主的なルール作りの例。特に継続してスレッドが立てられている話題では、議論の重複やトラブルを避けるためにこうしたルール作りが行われるのが一般的である。これらのルールはほとんどの場合、そのスレッドを立てたユーザーあるいは参加しているユーザー有志によって作成される（下掲画像参照）。

出典（2ちゃんねる漫画板・『美味しんぼ』スレッドから引用）

13) 『朝のガスパール』は1991年10月18日から1992年3月31日まで、朝日新聞朝刊紙上に連載された小説作品。同作は、新聞紙上に掲載された小説各話の展開に対して読者が手紙、もしくは朝日新聞の運営するパソコン通信事業「ASAHI-NET」上に開設された会議室「電脳筒井線」にコメントを寄せ、次の展開予想やアイデアを出し合うという形式で連載が進められた。（寄せられたアイデアの採否は著者である筒井が判断し、内容に反映するため、複数の読者が書き継いでいく形式のいわゆる"リレー小説"ではない）

14) 前年のアメリカにおけるインターネットの商用開放を受け、同年から株式会社インターネットイニシアティブが日本初のインターネット接続プロバイダとして営業を開始した。

15) 1995年に発売された。Windows 95はマイクロソフト社が製作したパソコン用オペレーティング・システム（OS）だが、それ以前の同社製OSと比較して、操作体系の改善や周辺機器導入の簡易化などが行われたことに加え、インターネットに接続するためのソフトウェア導入と設定も容易であったことから急速に普及し、インターネットのみならずパソコン自体の普及にも大きく貢献した。

16) 大学や企業によるもののほか、個人によるウェブサイト開設もさかんに行われた。またYahoo！やジオシティーズ等の「無料ホームページ開設サービス」もこのころ大量に立ち上げられたが、2000年代に入りブームの沈静化とブログ（"Weblog（ウェブログ）"の略）やSNSの台頭により、多くがサービス停止もしくはブログ開設サービスへの転向を行っている。なお「ホームページ」とは、本来「ウェブサイトの入り口となるページ（HTMLファイル）」を指すが、日本においては特にウェブサイト全体を指す用語として定着した。

17) インターネット上における「匿名」の定義とそのあり方は様々であるが、[9]で述べた通り、IPアドレスの記録（ログ保存）をサーバの運営者側で行っているかどうかで技術面における「匿名性」のレベルはかなり異なってくる。2ちゃんねるの場合、初期はIPアドレスのログを保存していなかったため、いわゆる「完全匿名」の掲示板として運営されていたが、その後2ちゃんねるを舞台とした社会的事件や法律問題が発生し始めたことに対応して、ログを保存、警察等からの要求があれば開示する方針となった。このため、現在（2008年）の2ちゃんねるは技術的な意味においては「匿名」ではない。

18) いわゆる「2ちゃん用語」と呼ばれるものを含む、2ちゃんねるユーザーに

第 2 章　日本におけるコンピュータ・ネットワークの発達とコミュニティの形成　　59

特徴的な書き込みの文体や用法を指す。その内容は時期やスレッドにより多種多様であり、単語や語尾に小さな変化をつけるものからマンガ作品やアニメ映画からの引用まで幅広い。また、2ちゃんねるで頻繁に使われ続けた結果、他のコミュニティでも使われるようになった言葉や言い回し、逆に他のインターネットコミュニティで一般化していた用語が2ちゃんねるに持ち込まれたものもある。

　たとえば他ユーザーを賞賛（情報提供に協力してくれた等）する場合に使われる「神」や「乙」（前者はアスキーアートなどで卓越した技術を持つユーザーを賞賛する言葉であると同時に、奇抜な行動等でマスメディア等で取り上げられ、2ちゃんねる内で話題になった人物にも用いられる。後者は「お疲れ様」の略にわざと間違った漢字を当てたもの。意図的な誤変換を使用したスラングは、2ちゃん用語において頻繁に見られる）や、罵倒や中傷的文脈で使われる「氏ね」や「逝ってよし」という語彙は2ちゃんねる以外のインターネットコミュニティにおいても比較的よく使われた。

19) 2000年5月3日に発生した、西日本高速鉄道の高速バスが当時17歳の少年によって乗っ取られた事件。事件前日に少年が「ネオむぎ茶」のハンドルで2ちゃんねるに書き込みを行っていたことが判明し、大きな話題となった。インターネット上での「犯行予告」事件の嚆矢とも言えるケースである。

20) アスキーアートは電子掲示板で文字を配置することで絵や人物を表現する技法。広義には電子メールの文末等につける顔文字（フェイスマーク。「(^_^)」や「(;゜Д゜)」など、文字を使って人の表情を表現したもの）を含むこともある。またFlashは米国のAdobe Systems社によって開発された、画像データを制御し、マウスの動きや音楽との連動、アニメーションといった効果を演出することのできるソフトウェアのこと。どちらも2ちゃんねる発祥ではないが、2ちゃんねる内の「アスキーアート板」や「Flash板」など専門カテゴリの掲示板で技量の高いユーザーによってさまざまな作品が作成されてきた。

21) 同じく2002年段階での1日あたりの閲覧数は1600万に上った。（『2ちゃんねる公式ガイド2002』2ちゃんねる監修　2002年8月）

22) この「職人」という呼称は、アスキーアートのみではなく音楽、画像の作成等『2ちゃんねる』コミュニティ内において優れた技量を示す作品を発表（提供）したユーザーに対して一般的に使用される。

23) パソコン雑誌やサブカルチャー雑誌を中心に2ちゃんねる内コミュニティの

活動やオフ会が数多く取り上げられたほか、2ちゃんねるのスレッドやアスキーアートをまとめた書籍が出版されるなどした。2002年8月には2ちゃんねる監修による『2ちゃんねる公式ガイド』(コアマガジン)も刊行されている。

24) 特に他メディア展開の際に「実話」としての面が大きくクローズアップされた。映画版『電車男』ウェブサイトの「イントロダクション」では「インターネットから生まれた奇跡の「純情初恋物語」が早くも映画化される。(中略)この実在の物語は、多くの人々の感動を誘い「21世紀最強のラブストーリー」と絶賛された」(http://www.nifty.com/denshaotoko/html/intro.htm)。ここに見られる「実在」(実話)や「感動」といったキーワードは、携帯電話を主媒体として発表される「ケータイ小説」(4章でとりあげる)でも頻出するもので、誰にでもあり得る、身近な物語としてのストーリーラインが強調される点も共通している。

25) スレッドでの書き込み毎に付けられる番号。2ちゃんねるではひとつのスレッドに書き込める回数は1000までであるため、振られる番号も1～1000までとなる。また、2ちゃんねるではほとんどの投稿が匿名(ハンドルも使用されない)で行われ、スレッド内ではその番号を使って名乗る(あるいは他者を指す)ことが慣例化している。同一人物が複数回の発言を行っている場合は最初の発言時に振られた番号を使うことが多く、この場合も「731」は最初に彼(電車男)が書き込みを行った際の番号となっている。

26) 「え drftgy ふじこ lp@」は発言者が慌てている様子をでたらめな文字列で表したものだが、この文は現在パソコン用キーボードとして標準的な QWERTY 配列のキーボードで、2段目と3段目のキーを交互に打鍵した際に表示されるものである。「電話を汁！」は、「電話をしろ！」の「ろ」を「る」に置き換え、その誤変換を故意にそのままにしているもの。ともに20)でとりあげた「2ちゃん用語」の一種。

27) 書き込み全体がアスキーアートで構成されているものの例。
次ページのアスキーアート上段は米国映画『プライベート・ライアン』中のシーンを表現したもの。下段は上段の書き込みを受けるアスキーアートで、「げんなりした」「失望した状態」を表す顔文字「(´A`)」を台車に積んで運んでくる(上段 AA の「弾持ってこい」という台詞を受けている)キャラクターの表現。

『電車男』まとめサイト

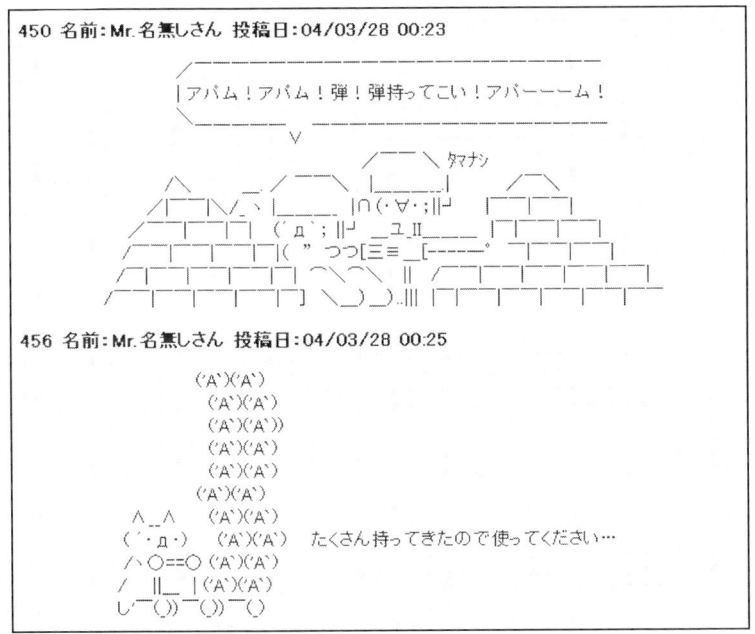

```
450 名前:Mr.名無しさん 投稿日:04/03/28 00:23
       _____
      /|アバム！アバム！弾！弾持ってこい！アパーーーム！|
       ‾‾‾‾‾‾‾‾‾‾‾‾‾‾‾‾‾‾‾‾‾‾‾‾‾‾‾‾‾‾
                      ∨
                   ／￣￣＼ タマナシ
            ／＼   ／      ＼
           ／  ＿＿|∩(･∀･;)|＿
          ／  /  (´д`;)  ユ ﾊ
        ＿／  ／ " つつ≡≡－－‐‐゜
        ＼＿).川

456 名前:Mr.名無しさん 投稿日:04/03/28 00:25
                 (´A`)(´A`)
                 (´A`)(´A`)
                 (´A`)(´A`))
                 (´A`)(´A`)
                 (´A`)(´A`)
        ∧＿∧    (´A`)(´A`)
       (´･д･)   (´A`)(´A`)   たくさん持ってきたので使ってください…
       ﾉ＾○==○
      ／   ||＿|  (´A`)(´A`)
      し￣(_)￣(_)￣(_)
```

(http://www.geocities.co.jp/Milkyway-Aquarius/7075/trainman2.html) から引用。

28) 新潮社より2004年10月初版刊行。著者は「中野独人（なかのひとり）」とされた。この著者名表記について、新潮社は「中野独人とは、「インターネットの掲示板に集う独身の人たち」という意味の架空の名前です」（同書奥付ページの注記から引用）としている。ここでいう「インターネットの掲示板に集う独身の人たち」とは、実質的に「男達が後ろから撃たれるスレ」の住人、すなわち『電車男』の物語進行に参加したユーザー全体を指すものとみなせよう。

29) ここでの「リアル」は現実そのまま、写実的描写を意味するものではなく、読者が"それらしい"と感じることのできる（雰囲気の演出に必要な）記号や定型的表現が、読者の望む展開に沿ってちりばめられていることを指す。『電車男』の物語の中途で発生するトラブルや感情の盛り上がりは、すべて本文内でも述べた「見ず知らずの人々が、気弱な青年の恋に協力し、成功に導く」という主筋から外れることがない。電車男とエルメスのやりとりを「実際にあっ

たこと」として見るなら、『電車男』は現実に進展した男女の恋愛模様を、協力者（あるいは野次馬）としての２ちゃんねるスレッド住人の視点から、彼らがそう望む形に再構築した一種の"おとぎ話"であると言える。

24）で述べたようにこうした「虚構性を前提とした実話物語」が強い支持を受ける、というメディアと読者側の関係は、現今のケータイ小説においても見られる興味深い事象と言えよう。

30）　本名は西村博之。多くのメディア等では本文中で使用した「ひろゆき」というひらがな表記のハンドルを使用している。本章で取り上げるニコニコ動画の運営企業ニワンゴをはじめ、複数の会社で役員および代表をつとめているが、本業や詳しい来歴については明らかにしていない。

31）　2002年3月12日に２ちゃんねるの代表的アスキーアートキャラクター「ギコ猫」（下掲参照）を玩具メーカーのタカラが商標登録出願したことが判明したケース。多くの２ちゃんねるユーザー間で物議をかもし、管理人である西村博之がタカラに対して質問状を送る事態へと発展した。この質問状の中で西村は、商標登録が先願主義であることは承知しているとしながらも、「ギコ猫はインターネットのコミュニティーで生まれて広まったものであることをご考慮頂きたい」、「インターネットのコミュニティーで生まれたキャラクターの重要性、それを愛する人々の気持ちが分からないはずは無いと思いたい」と主張し、アスキーアートキャラクターとしてのギコ猫がコミュニティ内で重要かつユーザー間で共有された存在であるとの見方を示した。結果的にタカラは同年6月3日に出願を取り下げている。

32）　人気アスキーアートキャラクターとして、２ちゃんねるのシンボル的存在となっていた「モナー」（ただし、モナー自体は２ちゃんねる開設以前から使用されていたキャラクターである）と楽曲を組み合わせた個人作成のFlashムービーが商用利用される際、商品化を担当した大手音楽企業のエイベックスが「のまネコ」という独自の名称と自社の著作権表示を付けて販売したことに対し、２ちゃんねるユーザーを中心に大規模な抗議活動が起こされたケース。結果的にエイベックス側が「のまネコ」の商標登録断念と商品から該当Flashムービーの削除を行なうことになった。しかし騒動の焦点は次第に以前から著作権違反に対し厳しい姿勢をとっていたエイベックスがこうした騒動を起こしたことへの揶揄や反発、また一部ユーザーによるエイベックスに対する犯罪予告といった方面へと拡大して行き、肝心のアスキーアートの扱いそのものは結

局やむやになってしまったと言える。
33) 「ネット右翼」は2ちゃんねるをはじめとするインターネットコミュニティ等で、保守的、排外的な論調を主とするユーザーを指す呼称。ほとんどの場合自称ではなく、批判的文脈での他称として用いられる。その主張内容や態度の硬軟にはさまざまなレベルがあり、「ネット右翼」と呼ばれる単一の主義や団体があるわけではない。また実際に「右翼」的であるかどうかよりも、掲示板等で強硬な保守論調を持ち出すユーザーを揶揄する呼称として使われるケースが多い。「サヨク工作員」「ネトサヨ（「ネット左翼」の略）」は、「ネット右翼」やそれに類する論調のユーザーが、自身の主張に批判的であったり、対外融和的な主張を行なう他者に対して使う呼称で、「ネット右翼」同様、実際に左翼組織の構成員であるかどうかには関係なく用いられる。
34) 「職を持たず、教育や職業訓練も受けていない（Not currently engaged in Employment, Education or Training）状態にある人」を表す語である「ニート」と、1998年の学習指導要領改訂からはじまったいわゆる「ゆとり教育」を受けた世代であることを示す「ゆとり」は、いずれも現在の2ちゃんねるをはじめインターネットコミュニティの中では揶揄、あるいは批判的文脈の中で使用されることがほとんどである。これはインターネットコミュニティのみがそうした人々を排除しているというより、「ニート」や「ゆとり教育世代」に対する一般社会の厳しいまなざしをより敏感に、かつ自虐的に取り入れた結果と言えよう。33)の「ネット右翼」「サヨク工作員」同様、実際にそうであるというよりは他ユーザーを揶揄あるいは侮辱する意味合いで使われることが多く、ほとんどの場合「レッテル貼り」以上の意味をもっていない。
35) 『情報メディア白書　2008』（電通総研編、ダイヤモンド社、2008年1月）
36) Windowsに付属する「Windows Media Player」やReal Network社の「RealPlayer」などの外部動画再生ソフトなどが使用される。
37) DVDやCDのソフトウェア、あるいはテレビの録画データをYouTubeやニコニコ動画の対応形式に合わせて変換する行為。当然ながらエンコードしたファイルを動画共有サイトへアップロードすることは、著作権者の正式な許諾がない限り著作権法違反となる。
38) ニコニコ動画のプレミアム会員は、ニコニコ動画の利用に際して、
・ID番号によるログイン制限なし（一般会員は特定の時間帯にログインできないことがある）

・専用の回線が使用でき、高速にデータをダウンロードできる
・コメントに設定できる色が多い（通常 8 色に加え専用色 8 色）

等に加え、アップロードできるファイル容量が 8 ギガバイト（一般会員は 2 ギガバイト）に増える、付属機能である『ニコニコ大百科』の編集と閲覧（一般会員は閲覧のみ）が可能になる等の優遇措置が図られる。

39)
コメントアートの画面例

上掲の例では、文字と空白記号を組み合わせ、映画タイトル様のイラストを再現している。

　アスキーアートと同様、文字や空白記号を使って別の絵やキャラクターを描写するものが主。また、漫画における「吹き出し」のように、動画の中の人物が発した言葉のように編集した作品も見られる。

40)　ニコニコ動画の運営および携帯電話・PC のメールを利用した情報配信サービスを主事業とする（同社ウェブサイトより）。2 ちゃんねる管理人である西村博之も取締役の一人として経営参加している。

41)　ニコニコ動画に投稿された動画に関連する記事を中心に、さまざまな人物や物事に関する記事を投稿、閲覧できるウェブ百科事典サービス。2008 年現在、閲覧のみならニコニコ動画一般会員でも可能だが、投稿は有料の「プレミアム会員」であることが必要。運営は東京都渋谷区の有限会社「㈲未来検索ブラジル」だが、ニコニコ動画を運営するニワンゴが出資（19.9％）しているほか、西村博之が取締役として経営参加する等、ニワンゴとの関連は深い。
（※出資比率の情報は同社ウェブサイト「会社概要」http://razil.jp/aboutus.html　から）

42) ニコニコ動画の投稿動画に関連した商品を案内、登録できるサイト内広告。動画を見て商品に関心を持ったユーザーとそれを購入したユーザーの人数が分かる仕様になっている。またきわめて高額な商品や動画に関連してはいるが、用途がきわめて限られる商品を登録、購入する行為もいわゆる「ネタ」として行なわれる。

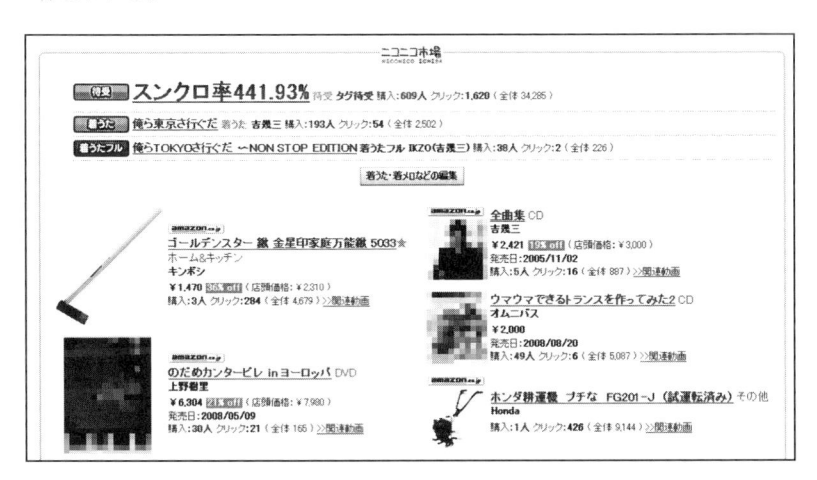

ニコニコ市場の商品例。ここでは動画の題材となっている曲やタレントに関する商品のほか、曲内容（吉幾三の『おら東京さいくだ』）に関連した農耕用の鍬や耕耘機が登録されている。いわゆる"ネタ"の一環。

43) 例えば、1000人に一人、10000人に一人といった需要しかない商品は、通常の雑誌アンケートや店頭動向の分析ではなかなか浮かび上がってこない「潜在的な需要」にしかならない。だが、インターネットを通じて日本国内（あるいは世界全体）の需要や同意見の人々をまとめあわせれば、それなりの母数を持つ集団（商品化を考えることのできる規模）として浮かび上がってくる。

また、インターネットでは「ロングテール」と呼ばれる需要動向が見られることが知られる。これは小売り需要の動向を分析する際に援用される「パレートの法則」（よく売れている2割の商品が、売り上げ全体の8割を占める、とするもの。イタリアの経済学者 Bilfredo Federico Damaso Pareto の分析に由来する）とは逆に、売れ筋商品2割の売り上げよりも残りの「売れない商品」8割の総売上の方が大きくなるパターンを指すもので、物理的な店舗を構える小売業では売り場面積や店頭に並べられる商品数、また在庫数に限界があり、あ

まり細かな需要には対応できず当然ながら「売れない商品」の売り上げは頭打ちになってしまうが、インターネット上では商品として顧客に示すことのできる（店頭に並べることのできる）商品数に限界がないため細かな需要に対応でき、「売れない商品」8割の総売上が全体に対して無視できない割合まで成長しうる。この現象を「2割の売れ筋商品＝頭」、「8割の売れない商品＝尻尾」と見て、「長い尻尾」と名付けられた。この「ロングテール現象」は、単にインターネットショッピングの分野だけではなく、ウェブサイトのアクセス数やユーザー数の動向にも見られる。

（参考：『Web 2.0 BOOK』小川浩・後藤康成著　インプレス社　2006年）

44）　北海道札幌市の企業「クリプトン・フューチャー・メディア」が2007年1月に発売したデスクトップ・ミュージック（DTM）ソフトウェア。音階と歌詞を入力することで、合成音声による楽曲のボーカル、合唱音声を作成することができる。同ソフトを使用してさまざまな楽曲のボーカルを合成音声に置き換えたり、自作曲のボーカルとして使用しニコニコ動画に投稿するブームが生まれた。「初音ミク」は同ソフトのイメージキャラクターの名称。

ニコニコ動画における初音ミク関連動画のページ。2008年9月3日現在で31000件を超える初音ミク関連動画が投稿されている。

45) 2008年初頭からニコニコ動画上で歌手・吉幾三のヒット曲『俺ら東京さ行ぐだ』(1984年) と他の楽曲を合わせる MAD ムービーが流行した。
　同年7月28日には"ネタ元"である吉幾三本人がニコニコ動画の投稿動画上でこのブームについてコメントし、一連の MAD 作品を半ば「公認」する形となった。この本人によるコメント自体は、ニコニコ動画を運営するニワンゴから携帯電話用の着うた(着信時に歌を流す機能)をリリースする関係から行なわれたプロモーションと思われるが、コンテンツを保持する側がインターネットコミュニティにおける作品二次利用を(完全ではないものの)公認するという珍しいケースとなった。
46) 英文表記は「blog」で、「ウェブ (Web)」+「ログ (log)」の合成語とされる。文章を書き込むことはもちろん、他のサイトやブログの引用、動画像の貼り付けやコメント付加等の機能が、一からホームページを構築するよりも簡単に利用できるため、近年個人間から企業にまで利用が広がっている。
47) 東京都渋谷区の企業「株式会社ミクシィ」が運営。2004年2月に開設された。
48) 主にコンピュータやネットワーク関連の話題を取り扱う電子掲示板サイト。ユーザーごとの登録と日記、コメント機能など SNS としてのシステムも備えている。1997年9月に米国で創設 (http://slashdot.org/) され、2001年には日本語版 (http://slashdot.jp/) が開設した。他のユーザーが投稿したコメントを採点する「モデレーション」と呼ばれる機能を導入することで、暴言や意味のない記事の投稿で議論が荒れることを予防するシステムを導入している。
49) 東京都港区の企業・グリー株式会社が開設した携帯電話やウェブブラウザ上で提供されるゲームをサービスの中心とした SNS サイト (http://gree.jp/)。2008年5月末時点での会員数は500万人(2008年5月29日の同社プレスリリースより)。
50) 同社の2008年7月14日付けプレスリリースより。(http://mixi.co.jp/press_08/0714.html)
51) 通常の電子メールではなく、mixi のユーザートップページから「友人を招待」の機能を利用する。
52) 無料メールサービスを利用したダミー登録を防ぐため、無料メールアドレスからの登録の場合は、携帯電話のメールアドレスが必要となる。
53) インターネット上で起きたトラブルや事件に対し、その賛否をめぐる議論や野次馬的なユーザーの活動が爆発的に広がること、またはその様子を言う。多

くの場合、トラブルの起因となった出来事や関係人物の情報が大量かつさまざまに飛び交うこととなるが、真偽の定かでない誹謗中傷、個人情報の暴露が行なわれる等の問題を伴うことがある。mixiの場合、特に個人情報がユーザーページに掲載されていたり、日記などから行動が推察されやすいことで"祭り"の影響が大きくなりやすい。また類似の状況を示す語として、ウェブサイト掲示板での発言やSNSの日記、コメントに対して反発や批判が殺到し、正常な運営が難しくなる状態を示す「炎上」がある。

第 3 章

「Wikipedia」の現状と問題点

第1節　「Wikipedia」の概要

その登場

　『Wikipedia（ウィキペディア）』は2001年に英語版が発足、以来2008年までに253言語（2008年時点。うち活動が活発な言語版は180前後）の版が開設され、総項目数は1000万[1]に昇るインターネット上の百科事典プロジェクトである。

　Wikipedia以前からソフトウェアとしてパソコン上で利用する「百科辞典ソフト」[2]や、辞典や辞書の項目を検索できるウェブサービスは存在したが、同プロジェクトの大きな特徴は、「誰でも無料で、自由に執筆に参加できる」できること、すなわちユーザー自身が自由に辞典の項目を追加、執筆し、かつそこで作成された内容もオープンコンテントとして「誰でも無料で、自由に」利用できること[3]を特徴とする「ユーザーによる共同作成」を基本とした活動を行なっている点である。

　その日本語版である「ウィキペディア日本語版」(http://ja.wikipedia.org) は、2003年以降、インターネット掲示板での情報源や引用元として、Youtube等と同様、前章で述べたいわゆる「Web 2.0」型ウェブサービスの代表例[4]としても注目を集め、現在は60万を超える（日本語の）項目数と、その投稿や編集を行なう登録ユーザー数のべ1万5千人（Wikipediaはシステム上登録ユーザーでなくとも項目の編集が可能であるため、登録を行なわない"匿名ユーザー"はこれ以上の数になるものと思われる）にのぼるインターネット上の巨大百科事典作成プロジェクトとして成長を続けている。

第3章 「Wikipedia」の現状と問題点　71

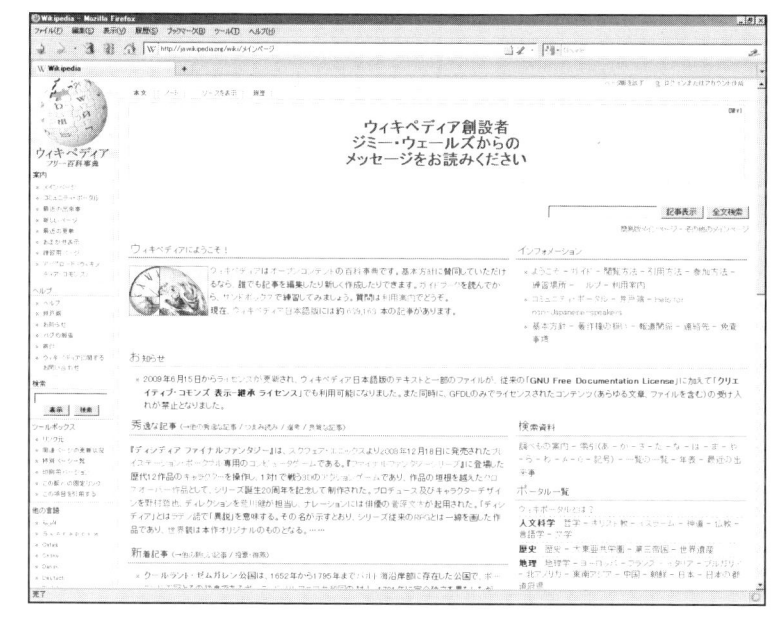

図1　「ウィキペディア日本語版」メインページ（2009年10月）

　Wikipediaの最大の特徴として、「だれでもが辞書の項目を執筆、編集できる」[5)]という敷居の低さによって多様かつ多数の参加者、そして記事の項目数を確保できたことが挙げられる。それにより、最初に立ち上げられた英語版（http://en.wikipedia.org/）は7年足らずで300万項目、前掲の通り日本版は2009年10月現在で62万項目を超える記事が投稿され、その内容も文学や歴史、哲学、宗教、地理等の人文科学一般からテレビ番組やアニメーション、マンガ、ゲーム等のサブカルチャーにいたるまで極めて幅広いものとなった。特に一般的な書籍型の辞書には収録が難しい時事的な話題や事象、人物について記述された記事が多数収録されていることは、Wikipediaの大きな特色となっている。
　またインターネットにアクセスでき、ウェブブラウザを利用する環境——すなわち、現在のごく標準的なパソコン利用環境があれば——閲覧、編集共に制限無く利用が可能であり、執筆した（あるいは他ユーザーの作成した）

項目の記述を追加したり、ハイパーリンクや文字強調を付加するなどの編集を施す際にも、簡易な記述法を憶えればすむ（ウェブページ作成に関する知識はそれほど必要とされない。これらの点については本文中で後述する）といった簡易さと利便性を備えたことで、項目数とユーザーの急速な拡大を実現した。

　Wikipediaの成長速度と規模はインターネット上における各種コミュニティの活動、あるいはコンテンツサービスの拡大の中でも際だっており、後述する様々な問題点もふくめ、「インターネット上における情報や知識のあり方」を考える上で極めて大きな役割を果たしていると言える。

　だが前掲のような特徴と果たしている役割の大きさは、一方でWikipediaの持つ「信頼性」や「記述の中立性」といった問題点とも深く関わっている。インターネット上の百科事典サイトとして異例の成功を収めたWikipediaの「強み」が、同プロジェクトの成功が大きく注目されるにつれて「弱点」に変じようとしているのだ。

　本項ではWikipediaの現状とこれから果たすべき役割について、これらの問題点、インターネット百科事典が抱える課題と解決のための方策について論じていくこととする。

第2節　「Wikipedia」利用の実際

Wikipediaの概要

　まずWikipediaの内容とその利用方法の実際について簡単にふれてみよう。
　Wikipediaの閲覧は、Yahoo! JAPANやGoogleなどの検索サイト同様、インターネットに接続されたパソコン上のウェブブラウザを通じてWikipediaのトップページにアクセスし、そこから目的の項目を検索する利

第3章 「Wikipedia」の現状と問題点　73

用方法がもっともオーソドックスなものである[6]。例えば次ページの図2
では、ウィキペディア日本語版のトップページから、サイト左側にあるテキ
ストボックス（検索ボックス）に「カレーライス」という名詞を入力して検

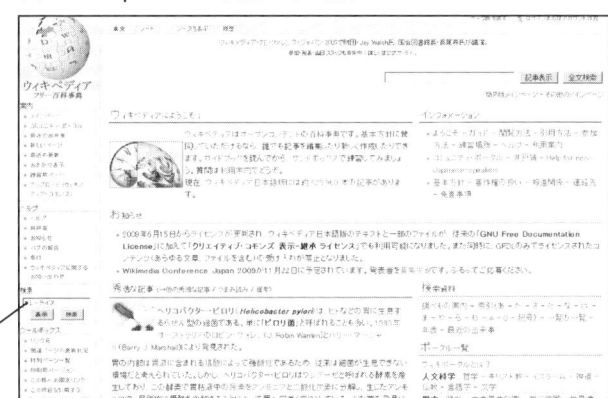

図2　Wikipediaでの検索とその結果1

（画像は2009年10月15日採集[7]）

ここに単語を入力する

図3　ウィキペディア日本語版の検索とその結果2

①「カレーライス」項目の先頭部分。概要説明と画像、項目内の目次立てが記載されている。

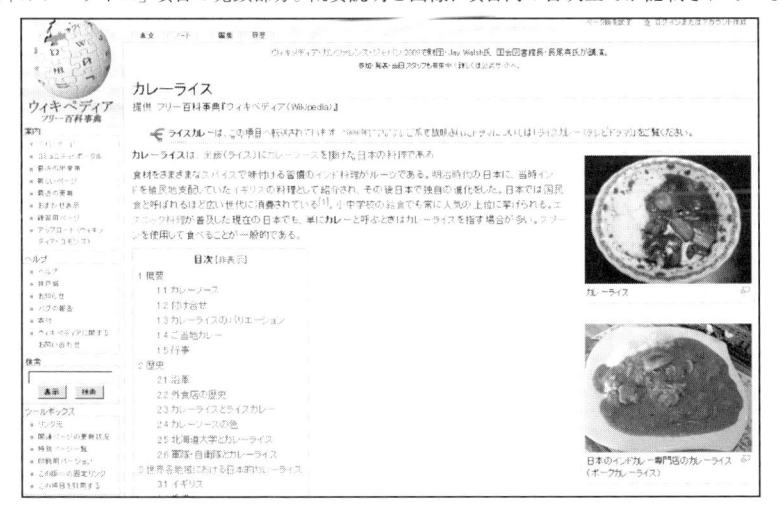

② 同項目末尾。参考文献と関連カテゴリの表示

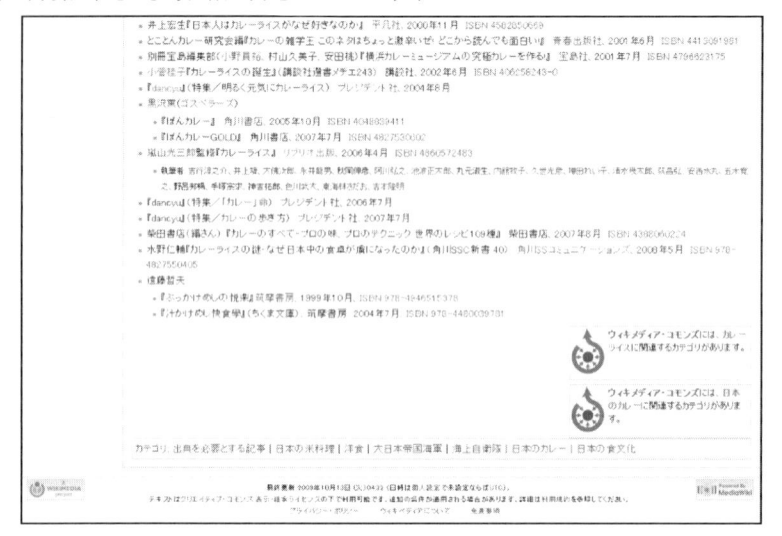

(上記2点の画像は2009年10月15日採集)

索するまで、図3①と②では該当の先頭部分と末尾を図示した。この際、あてはまる記事がなかった場合には、サイト内の全文検索を行い、その単語が含まれているページの一覧が表示される。

　他にも、トップページには、Wikipediaの概要および利用方法などリファレンスとなる項目とともに、「新着記事」や「秀逸な記事（※アカウントを持ったユーザーによる投票で決定される）」、「ポータル（記事をジャンルごとにまとめたもの）」等のリンクが表示されている。図3の項目記事画面では、「カレーライス」の説明、概要といった記事内容とともに、メインページや更新された記事、目次等への内部リンク、他言語版（「カレーライス」の項目はドイツ語版、英語版をはじめとした8つの言語で作成されている[8])のリスト、最下部には「日本の米料理」「洋食」「日本の食文化」といった関連カテゴリへのリンクが作成されている。

　また記事内の文章に記述された単語や固有名詞についてWikipedia内に該当する項目がある場合にはリンクが設定される（設定方法については後

述)。他にも画像、音声などのマルチメディア素材がある場合は、関連プロジェクトである Wikimedia へのリンクが作成されている項目もあり、一つの記事からさまざまな情報に触れることができる。また、上述のようにWikipedia には項目ごと、カテゴリごとに詳細なリンクが設定されており、利用者はそれをたどって情報を探すこともできるが、もっとも頻度の高い利用方法はページ左側にある「検索ボックス」から、あるいは外部のポータルサイト[9]を通じて直接該当の語を検索するという手法である。例えば、「専修大学」を調べる場合には、トップページから「日本の教育」「日本の私立大学」といった主要カテゴリからのリンクをたどるよりも、検索ボックスに直接「専修大学」と入力すれば該当の項目を見ることができる。前段で触れた項目数の豊富さをはじめ、こうした利便性を利用者に提供することでWikipedia は「インターネット上の百科事典」として利用者の支持を集めるようになった。

第3節　「Wikipedia」の技術的背景と初期の展開

　次に、日々増加する Wikipedia の記事項目、その追加方法と技術面の実際について見ていくこととしよう。
　Wikipedia の技術的な背景となっているのは、「Wiki（ウィキ）」（あるいは「WikiWiki（ウィキウィキ）」[10]。以下、本稿では Wiki の呼称を用いる）と名付けられたソフトウェアシステムである。
　Wiki はウェブブラウザ上から、ウェブサーバ上のハイパーテキスト文書を書き換えるシステム、あるいはソフトウェアを指し、1995年に米国のコンピュータ・プログラマである Ward　Cunningham によって作成された[11]。今日では Wikipedia をはじめさまざまな情報サイト、個人サイト等で利用さ

れている。Wiki の特徴はネットワーク上の不特定の場所から文書の編集がブラウザ経由で行えるという点であり、これにより従来の Web サイト作成における、

・内容の変更や追加をするのに、そのサーバやディレクトリ内容を変更する管理者権限を必要とする。
・文書のレイアウトやリンク付けに際し、複雑なタグ文法の知識を必要とする

という煩雑な手順や手間を回避することができる。こうした Wiki の特徴は、多数の人間が一つのコミュニティに参加して大規模なコンテンツを作成するプロジェクトに適しており、実際 Wikipedia 以外のコミュニティ、日本においては2ちゃんねる等におけるやりとりや、注目される事件や人物、映画作品等の情報をまとめた「まとめサイト」作成の手段として広く利用されている[12]。

一般に Wiki では、単語の太字、斜体処理や文書のレイアウト、他のページや Web サイトへのリンク等は独自のマークアップ言語[13]を利用して文書

図4　Wiki を使用したサイト『ニコニコ動画まとめ Wiki』(http://nicowiki.com/)

(画像は2009年10月15日採集)

を記述することになる。この場合、マークアップ言語の構文は利用する Wiki ソフトウェアごとに独自の仕様を持っており、もちろん一般のウェブサイトで使われている HTML（[14]これもマークアップ言語の一種である）とは構文や機能が異なる。Wikipedia では、米国の Magnus Manske らによって開発された MediaWiki が採用されている[15]。以下に MediaWiki（つまり Wikipedia）での記述方法を例示してみよう。例として、以下の文章を MediaWiki 文法に基づいて処理してみる。

専修大学は東京都千代田区神田神保町にある私立大学である。

この文の中にある、「専修大学」に太字処理を、また「神保町」に他のページ（項目）へのリンクを作成したい場合、MediaWiki では以下のように記述する。

'''専修大学'''は、東京都千代田区［［神田神保町］］に本部を置く私立大学である。

この記述を、MediaWiki のソフトウェアは以下のように HTML の構文に変換して HTML として表示する。

＜strong＞専修大学＜/strong＞は、東京都千代田区**＜a href＝"/wiki/神田神保町"＞**神田神保町**＜/a＞**に本部を置く私立大学である。

MediaWiki 内での「'''」、「[[ ]]」のタグが、それぞれ「＜strong＞～＜/strong＞」（強調表示のタグ）と「＜a href＝"～"＞＜/a＞」（～へのリンクを設定するタグ）という2つの HTML タグに置き換えられていることが分かる（なお、上記例文中では HTML タグを視認しやすくするため、太字で強調した）

その結果、ウェブブラウザ上での表示は以下のようになる。(Internet Explorer 7 上での表示)

> **専修大学**は、東京都千代田区<u>神田神保町</u>に本部を置く私立大学である。

(「専修大学」が太文字で強調され、「神保町」は下線付きの青字で表示されて Wiki 内の他のページへのリンクとして解釈されていることが判る)

フリーソフトウェアとしての MediaWiki

　これ以外にも MediaWiki は画像の呼び出しやアクセス権の設定、改訂履歴の保存といった多様な機能を持っているが、HTML や CSS[16]で記述するときのような複雑な文法やタグ構文をおぼえなくてもよいこと、プログラムやサーバ管理の知識を必要とせずに大規模な情報データベースサイト（Wikipedia のような）を作成できることが大きな強みとなっていることは前節で述べたとおりである。

　MediaWiki のもう一つの特徴は、それが「フリーソフトウェア」として配布されていることにある。ライセンスは「GPL（GNU Public Licence）」を採用しており、サイトの構築に MediaWiki を利用することはもちろん、たとえば MediaWiki を改変した新たな Wiki ソフトウェアを作成、配布する場合にも、そのためのライセンス料支払いや著作者への許諾は必要ない。もちろん MediaWiki は「無料」である点ばかりが評価されているわけではなく、「必要な機能を持ち、信頼性が高い」ことを前提として採用されているわけであり、Wikipedia のような大規模な情報データベースサイトにおける利用が進んでいることは、フリーソフトウェアの開発モデルの一つの成功例と言える。実際に Wikipedia に書き込む（記事を作成する）にあたっては、ウェブブラウザ上で執筆用のページを表示し、そこから直接書き込む方法が中心だが、いずれにせよ特殊なソフトウェアや企業サービスへの参加、登録は必要とされない[17]。図5～6で示したのは、ウィキペディア記事の編集画面およびノート画面の例である。ここでは登録ユーザーとしてログインし

第 3 章　「Wikipedia」の現状と問題点　79

図 5　編集画面例

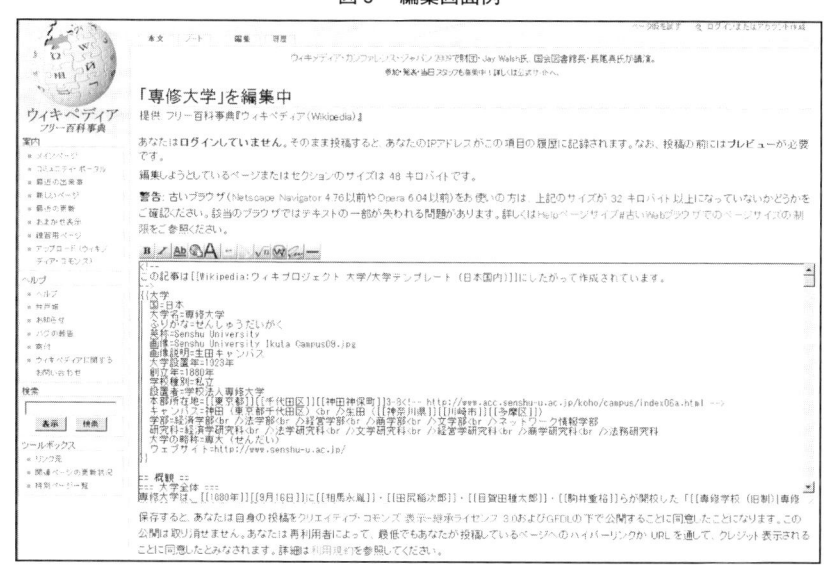

図 6　ノート画面例

(上記 2 点の画像は2009年10月15日採集)

た状態で、「専修大学」の項目の編集画面を表示している。画面左側のリンクからは、自分の投稿履歴表示や編集記事の追跡（ウォッチリスト）等の機能が使用できる。ユーザーはこの画面から、先に紹介したwiki文法をもとに記事の編集や訂正、また他の編集者との議論が必要な際にはノートページを利用して議論を行う。なお、ログインしていない状態でも編集は可能であるが、投稿履歴やウォッチリストの利用はできない。

第4節　創始と運営機関

その歴史背景

次にWikipediaの運営と歴史的な背景について触れてみよう。

Wikipediaの運営は、米国フロリダ州の非営利団体[18]・Wikimedia財団によって行なわれている。

同財団によって管理されているWikipediaを始めとしたプロジェクトは、当初、創設者であるJimmy Walesの個人的プロジェクトとして開始された。各プロジェクトのサーバ、データ、ドメイン等はWalesの勤務していたインターネット企業Bomis[19]が所有していた。しかし、米国法の仕組み上、非営利団体になることで政府からの研究資金や他団体からの寄付金が得やすくなることから、Walesは2003年6月20日にWikimedia財団を設立、サーバやドメイン等、前述の資産はすべて同財団に寄付された。

なお、「Wikimedia」の語源はソフトウェアとしての「Wiki」と「Multimedia」の合成語で、Wikipedia英語版の参加者であるSheldon Rampton[20]による造語とされる。

Wikimedia財団の目的は、「世界中の人々に教育的コンテンツをフリーライセンス、あるいはパブリックドメインによって提供し、その世界的な普及

を図ること」（原文：The mission of the Wikimedia Foundation is to empower and engage people around the world to collect and develop educational content under a free license or in the public domain, and to disseminate it effectively and globally. 2007年9月時点でのWikimedia財団代表・Florence Devouardのミッション・ステートメントより）としている。

　現在、Wikimedia財団によって運営されているプロジェクトは、ウェブ百科事典であるWikipedia、ウェブ辞書Wictionary、箴言集Wikiquote、電子テキスト集積プロジェクトWikibooksの4つである。これらプロジェクトを管理する財団の最高意志決定機関は2008年7月に代表に就任したMichael Snowを始め7名から構成される理事会で、財団とプロジェクトに関する最終決定権、また各プロジェクトの定款を変更する権限を持っている。理事の任期は任命理事の場合1年、選挙によって選出された理事の場合は2年となっており、この理事会は漸次拡大される方針にあるとしている[21]。なお、財団創設者であるJimmy Walesは、2008年12月まで同財団の理事をつとめた。

第5節　Wikimedia財団および各プロジェクトの運営構成

Wikimedia財団

　前ページに示した通り、Wikimedia財団には理事によって構成される意志決定機関が存在するが、それらの理事を選出する「会員」（被選挙者に対して、選挙者にあたる構成メンバー）の位置づけがきわめて緩やかであるという特徴を持っている。ここで言う「会員の位置づけ」とは、通常の団体で見られるような登録制度、あるいは番号付けや会員証の付与を以て自認・他

認されるようなシステムが無いということを意味している。Wikipediaを始めとする各プロジェクトの急速なコンテンツ拡大は、その活動がいかに活発であるか、またいかに膨大な人数が参加しているかの証左であるが、逆に上記のような仕組みを持つため、「コミュニティとして巨大だが、運営主体やプロジェクトの責任者、またWikipediaを物理的に構成するサーバがどこに存在するのか（＝活動上、法律上の問題が発生した場合にどの国の法律が適用されるのか）が極めて曖昧な印象を受ける。

　以下に、それら「曖昧な」Wikimedia財団と各プロジェクトの全体的な運営構成を確認していくこととしよう。

運営構成について

　Wikimedia財団本体は、事務所をアメリカ合衆国のカリフォルニア州・サンフランシスコ（創設から2008年1月まではフロリダ州セントピータースバーグ）に置き、14名の常勤職員が在職している（在外職員含む。うち2名は契約職員[22]）。これ以外のスタッフは理事も含めすべてボランティアで構成されている。これら職員の給与含め財団の運営・活動に必要な費用はすべてアメリカ合衆国政府の研究資金や企業、研究団体からの寄付金でまかなわれている[23]。また、財団設立後から現在にいたるまで、創設者Jimmy Walesの在籍した企業Bomisは、Wikimedia財団にとって主要な資金・物資の支援元となっている。

　財団の最高意志決定機関は前項で述べた7名から成る理事会であるが、その理事会を選出する投票権者は、理事会構成メンバーをふくめ、
・一定の編集回数と編集歴を持つ登録ユーザー
・財団のシステム管理者
・ウィキメディア財団の職員で、一定の在籍・活動歴を持つ者
　とされる[24]。とはいえ、WikipediaをはじめとするWikimedia財団による各プロジェクトの実質的な活動は、（編集者として登録しているか、否かに関わりなく）ユーザーによる「コンテンツの拡充」にかかっていると言え

よう。

Local Chapter の存在

　ユーザーの活動のうち、財団によって公認されたユーザー団体は「地方支部」("Local Chapter") と呼ばれる。この場合、「支部」と呼称されていても下部組織ではなく独立した組織であり、法的関係は（一般的な企業における本社と支社の関係や、各種団体における「本部」と「○○支部」というように）階層化・固定化された様態ではなく、それぞれの活動内容や方針に応じて決められる。2008年5月現在、ウィキメディア財団によって公認された地方支部はドイツ、フランス、イタリア、ポーランド、チェコをはじめとする16カ国に存在し、その他インド、ルーマニア、オーストラリア等でも地方支部の設立が準備されている。これらの支部は前述の通り独立した組織であって、ウィキメディア財団のウェブサイトに対する法的な強制力や責任を持たず、また資産も異なる団体とされる。各地方支部の役割は現地の企業や学校、他団体とユーザーとの連携を行うことにある。もちろん、「地方支部」への加入はWikipediaにおける項目執筆をはじめ、各プロジェクトにユーザーが参加する際の条件や資格とはなっておらず、基本的に各プロジェクトと地方支部は関係がないものとされている。たとえば、○○地方支部はこのプロジェクトを重点的に行う、あるいは○○支部に属していなければ、この部門に関わることはできない、といったような割り振りや制限があるわけではない。

　またこうした「地方支部」の形をとっていないが、Wikipedia内の活動主体としては明確に存在するものがある。他でもないウィキペディア日本語版[25]がそれ（その一つ）だ。

　これはきわめて（それがインターネット上であることを差し引いても）奇妙な状況のように思われるかもしれない。だが実際に運営形態を見ると、ウィキペディア日本語版の代表は現Wikimedia財団代表（在カリフォルニア）であるMichael Snow[26]で日本語版独自の代表や代表連絡先は存在して

ない。これは公認の代表が存在しないという意味ではなく、実際に「執筆者や管理を担当するメンバーは存在するが、組織としての"ウィキペディア日本語版担当部署"は存在しない」という特殊な状況を示している（別コミュニティの例を挙げるなら、２ちゃんねるにおけるスレッドごとの自主管理がそれに近い）。言い換えれば、「その場に集まって記事を書き、意見をやりとりする」メンバーはいても、そうした活動を継続的・組織的に財政面・法律面で支える体制が（少なくとも日本版においては）確立されておらず、また現時点においてそれらを確立しようとする意見の集約も行なわれていない段階にあると分析できよう。

　記事の執筆者たるユーザー、また執筆活動に際してのアドバイスや混乱・トラブルの回避を担当する管理者は存在するが、彼らの身分に対するその組織的な裏付け（法人認可、任意団体認可といったような）は存在せず、すべてユーザーの"自発的な参加"によって維持されているのがウィキペディア日本語版なのだ。

　ウィキペディア日本語版内におけるコミュニティの仕組みと自治は、以下の構造から成り立っている。

　すべてのウィキペディア利用者は、登録を行なわずに項目の執筆、編集を行なう「IPユーザー」、そしてウィキペディアにアカウントの登録を行ない執筆、編集に携わる「登録ユーザー」に二分される。基本的にIPユーザーと登録ユーザーの間に項目の編集上の差は存在しないが（利用できる機能が違ったり、登録ユーザーの編集が優先されるといったような）、同様にウィキペディア日本語版のデータが納められたホストマシン[27]は日本国内ではなくウィキメディア財団本部のある米国のフロリダに設置されている。このような自主的かつある種錯綜した組織体制によって運営されていることが、一般利用者にとって「Wikipediaとはなんなのか」をわかりにくくする一因となっている面は否めない。これらは活発な執筆活動と豊富なコンテンツというWikipediaの長所であると同時に以下に述べる大きな「問題」の起点ともなっていると言えよう。

第6節 「Wikipedia」の成功要因

その特色と成功

　こうしたWikipedia最大の特徴はだれでも記事の執筆、編集に携わることができるという点で、意欲と知識さえあればどのような項目についても執筆することができる点にあることは先に触れた。そのため、一般の百科事典にあるような「ローマ帝国」「ドストエフスキー」「ミツバチ」等人文関連の一般的な項目はもちろん、流行の歌手や芸能人、話題となったテレビ番組等の時事的な人物や事柄について、また「ドラえもん」や「スタートレック」、「8時だよ全員集合」等のサブカルチャー（それも極めてマイナーなもの）まで、極めて多様かつ膨大な記事が投稿されている。

　記事内容自体は粗密の差が激しく、また必ずしも適当でない、あるいは中傷にあたるような記事や解説が掲載されることも珍しくはない（自己情報を登録したユーザーにもっとも大きな編集権限が与えられるようにはなっているが、匿名でも編集や記事に対するコメントは可能。ただしIPは記録されるため、完全な匿名というわけではない。これは2章で取り上げた2ちゃんねると同様である）が、Wikipediaの場合は他のオープンソース型のプロジェクトと同様に、多くのユーザーに公開することで「その査読と訂正、コメント付けを可能にすること」で正確さ、あるいは記事としての中立性を保つ方針を採っている。

　技術的に具体的な解が存在するソフトウェア開発と異なり、その妥当性や中立性をめぐって争いになりやすい（情報の出典、その正確性をめぐる争いが多いが、中には政治的、宗教的信条や個人的価値観をめぐった議論に陥っている項目も見られる）。

既存の紙媒体にはない速報性、また電子辞書にはない柔軟な編集姿勢によって、この10年間を見渡してもっとも成果を上げ、その内容を充実させてきたウェブコンテンツと位置づけることができると思われる。

ウェブ情報のあり方を変える

Wikipediaの登場によって、ウェブ上における情報蓄積の手法が大きく変化した。まず、従来のウェブでは、「専門家――とある事柄に詳しい人々――が集う場所（Webサイト）」が情報収集の中心であり、そのなかでさらに情報を得る、あるいは自分がそこに加わるためには自分もその場所の一員とならなければならない。

例えば日本最大規模のWeb掲示板コミュニティである2ちゃんねるも、それまでのパソコン通信、あるいはインターネット黎明期に跋扈したいわゆる「アンダーグラウンド」サイトと比較すればはるかに敷居が低く、また多岐にわたる参加者を獲得して成長してきたが、その中で情報を得るためには、やはり2ちゃんねるコミュニティの一員としての参加、あるいは2ちゃんねるという場所そのものへのアクセスが必要となってくる。逆に言えば2ちゃんねるユーザー、いわゆる「2ちゃんねらー」は、2章で述べたように「閉ざされたコミュニティ」の中の存在であるという自意識を持つことによって、独特の語彙や作法を構築して密度の濃い関係を作り上げ、その密度の濃さから生まれる様々なコンテンツを自らが楽しむことで今日の"繁栄"を築いてきた。様々な情報・知識が坩堝の中に放り込まれ、膨大な数の「意見（時に暴論や誹謗中傷も含めた）」によって加工されていくことで、2ちゃんねるはあれだけの規模と、現代サブカルチャー、時に現実社会における影響力を作り出したと言える。つまり、「一つの空間にあれだけの人が集まっている」こと自体、あの単一で巨大な規模こそ2ちゃんねる最大の強みであり、それはネットのある種の特性（需要、意見の最適化）[28]が最大限に活かされた上での発展と言えるように思う。

対してWikipediaは、基本的に単一の「場」というものを持たない。

Wikipedia の項目編集権限を持つ人々（つまり、その意欲がある人全員）を「ウィキペディアン」と呼ぶが、これは前掲の「２ちゃんねらー」と異なり、なんらかのコミュニティ文化、あるいはその中で使われる語彙や作法に習熟した人を指す言葉ではない（あえていえば、Wikipedia プロジェクトのコンセプトに賛成していることは必要かもしれないが）。Wikipedia の数百万におよぶ項目は、参加する個人の力量と識見に従って、コミュニティにおける他のメンバーの意向や意見からはとりあえず切り離されたところで作成される。その後、その偏りや情報の間違い（意見が違うことを主張しあう場では「ない」とされている）があればそれを指摘、討議した上で、より正確なものが反映される仕組みをとっている。加えて、「Wikipedia は何ではないか」を定義すること[29]で、特定の意見や思想、あるいは宣伝行為によって Wikipedia のコンテンツ全体が変質してしまうことを回避する試みを行っている。

その意義と位置付け

　無論、実際問題としてこれらの対策がすべてうまくいっているわけではない。特に数十万項目におよぶ各主要言語版の Wikipedia は、毎日のように（おそらく２ちゃんねるの削除依頼と同規模と思われるが）記述上、また著作権上問題のある記事が投稿され、そのための削除作業や訂正のための議論に多くの時間が費やされている。

　しかしながら、現在まれにみる規模、そしてインターネット上の百科事典として、他に類を見ない豊富なコンテンツを保有していること、加えてそれを可能にした同プロジェクトのシステムは、２ちゃんねるのような「場」ではなく、遍在的な人々による、個別の活動によって維持される Web 上のデータベースとして、そして今後のウェブのあり方を示す例として評価して良いだろう。

第7節　「Wikipedia」の抱える問題点

信頼性の高さゆえの課題

しかし、こうした好材料の半面で Wikipedia も他のウェブコミュニティ、あるいはプロジェクトと同様、あるいは「百科事典」というコンセプト上抱えやすい問題点がいくつも存在している。誹謗中傷によって項目が荒らされる事態については前述した通りだが、それ以上に問題となりやすいのが「信頼性」と「著作権」の点だ。これはたとえば2ちゃんねるのように、ある種のアンダーグラウンド、一般的な情報の信頼性や正確さとは異なるところに価値を見いだされているコミュニティにはない Wikipedia の"弱点"と言えるだろう。

Wikipedia は Google をはじめとする検索システムと結びつくことで、非常に簡便で膨大な量の情報を伝えることを可能にした。特に Google による検索機能の特徴のひとつである「ページランク」（※1章12頁を参照）と Wikipedia 利用の広がりは、強い関連を持っている。現在 Google の検索サービスを使ってなんらかの人物あるいは団体を調べた場合、その上位に必ずといって良い程 Wikipedia の該当項目が表示される。

例えば2009年10月現在、Google を利用して「専修大学」を検索すると、Wikipedia にある「専修大学」の記事が公式ページのすぐ下に表示される。（図7参照）

第 3 章 「Wikipedia」の現状と問題点　89

図 7　Google で「専修大学」を検索した結果表示

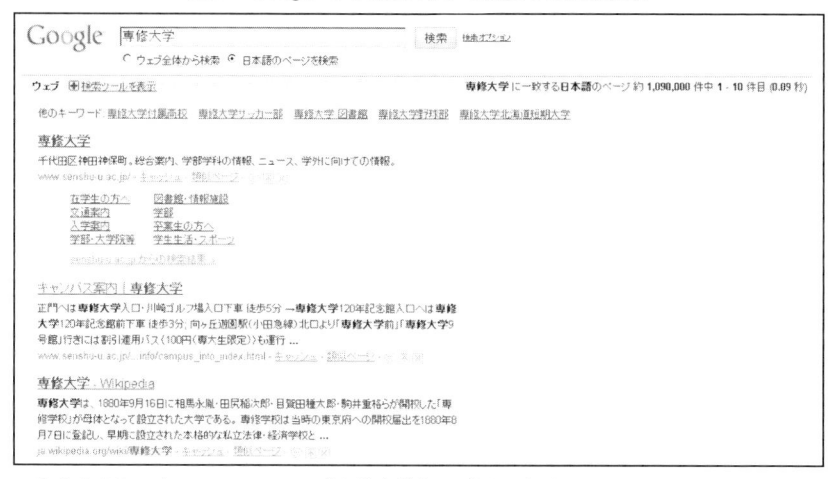

公式サイトの次に Wikipedia の「専修大学」の項目が表示されている。

(2009年10月15日採集)

　「ページランク」の高さは、Wikipedia が「ウェブ上でよく参照されている」、すなわちインターネットユーザーにとって感覚的な信頼性の高いサイトであることを示すものだ。検索結果の上位に表示されるため、アクセスされる（閲覧される）機会も大幅に増える。しかし、Wikipedia の情報には掲載されている情報の正確性を保証する仕組みが無い。また基本的に情報の修正や削除は執筆者あるいは編集に関わったユーザー同士の合意によってなされ、迅速に公開停止を行なったり誤った情報が掲載された場合、読者に対してそれを周知するための仕組みが十分であるとは言い難い。そうした情報がインターネット上で数多く参照される（そしてその情報が検索結果に反映されることで、そのまま別のサイトでも使われる可能性がある）ということは、その情報が間違っていた場合の訂正もまた難しい、ということに他ならない。

実例に見る Wikipedia の課題

　実際に海外では、2005年に Wikipedia 英語版で発生した John Seigenthaler の経歴記述に関する騒動[30]があるが、こうした（正誤両方の意味で）確信犯的な誤情報の記載、あるいは事実確認や知識の不足による不正確な項目の存在等はプロジェクトの性質上当然生じ、また防ぐことが極めて難しい。

　また、2007年3月に米国ミドルベリー大学史学部が、学生のレポートに Wikipedia を引用することを禁じたケース[31]も、こちらは意図的な誤りが発端となったものではないにしろ、先述の John Seigenthaler の経歴記述に関するケースと同様に「誰でも利用・編集できる」という Wikipedia のシステムが原理的に抱える欠点が生み出したものだ。

　また前掲ミドルベリー大学のケースと同様、国内でも Wikipedia の記事からの引用が問題となったケースとして、静岡新聞の記事に Wikipedia から無断で（出典を示さずに）引用された記述が使用されたケース[32]が挙げられる。Wikipedia において外部での引用自体は禁じられていないが、その出典明示等ライセンスとの整合性が問われ、その理解が不十分であったことを示す問題と言えよう。

　また誤ってもおらず、また不正確でも無いが、その情報を公開することに懸念が存在するような問題[33]が項目内容として書き込まれるケースも見られ、2ちゃんねるにおけるプライバシーの暴露、個人情報の流出と同様に深刻な被害を対象者にもたらしかねない。

　著作権に関しても閲覧者数の多い人気項目や話題となった事件や事故などの時事項目に、新聞や解説書籍からの丸写しが掲載される等の事例があり、引用や解説を含め外部からの情報をどのように扱うについても実効性のある対策が望まれている。これは Wikipedia 自身が所有する著作権、コンテンツについても同様で、外部で Wikipedia のコンテンツが参照される（これは特に個人サイト等で多い）機会が増えるにしたがって、静岡新聞でのケースに見られるとおり「GFDL」を始めとしたウィキペディアのライセンス形態とどこまで対応し、それが理解されているか、適切に運用されているのか、ま

た先の問題と絡めて、著作権侵害、プライバシー保護の問題に触れるようなコンテンツが外部で大々的に参照された場合、その対応はどのように行うのか等の課題が今後も発生するものと思われる。

　これはWikipediaのみならず、2ちゃんねるをはじめとしたインターネット上のコミュニティでも同様に発生する問題ではあるが、利用者や参加者の規模、また現在獲得している社会的知名度から言ってWikipediaにおけるそうした問題が大きな影響力を持つ可能性が高い。

　Wikipediaにおいては誤った記事、あるいは中立性に疑問のある項目は当然ながら修正の対象となるが、その「修正」をだれが責任を持って行なうのか、といった点が非常に不明確である事は否定できない。システム上、5）で挙げた「IPユーザー」と「ログインユーザー」の編集権限の違いや「管理者」アカウント34）によってトラブルや"編集合戦"解決の道を探っているものの、最終的な修正や解決方法は議論（とユーザーによる投票）によって決定されるため、迅速な対応が出来ているとは言い難い。また法的問題の解決や情報の訂正も最終的には米国にあるWikimedia財団に対して求めなければならないため、特に「ウィキメディア日本語版」など米国外にあるコミュニティでは言葉や適応できる法律の壁もあって実効性のある対応が出来るケースは限定されているといってよいだろう。

　いずれにせよ、現在のWikipediaはその有用性とともに「内部に蓄えられた情報をどう読むか」「どこまで信頼を置くか」という点をユーザーがより自覚的に考える必要のある場へと変わりつつある。無論これはWikipediaに限定されないが、情報のオリジナリティ（＝発信源、あるいは著者）というものをどのように定義づけ、どのように取り扱うか、またその信頼性をどのように確保していくかが、今後同様のコミュニティ、プロジェクトにとっても商業的、社会的、法的にも、極めて重要な意味を持ってくるだろう。

第 8 節　「Wikipedia」と類似プロジェクト―先行者としての「Nupedia」と試みとしての「Citizendium」

信頼性を求めて

『Citizendium』（http://en.citizendium.org）は Wikipedia 創設者の一人である Larry Sanger によって立ち上げられた（そして現在は活動を停止した）インターネット百科事典プロジェクトである。

Larry Sanger は Wikipedia の創設者の一人でもあり、2000年に Wikipedia に先行して開設された Web 上の百科事典プロジェクト『Nupedia』の編集長を務めた経歴を持つ。

Nupedia は先述したように Wikipedia と比較し記事の信頼性により重点を置いたアプローチによってインターネット百科事典の作成を試みたプロジェクトで、執筆者を博士号取得者に限定したことと、7段階の査読制度を設け、記述内容の信頼性を高めようとしたことが特徴となっている。「敷居」を高くすることによって不正確な記事の乱立を防ぎ、百科事典サイトとしての信頼性を高めるというコンセプトを採用したケースと言えよう。

だがこの査読精度の存在によってコンテンツの更新が遅れがちとなったこと、また編集権を得るための「博士号取得」というハードルが高く多数の執筆者を獲得するのに失敗したことが要因となって規模の面で後発の Wikipedia に完全に先行されることとなり[35]、2004年にサイトが運用停止となる。百科事典として信頼性と記事内容の正確性をチェックする仕組みを取り入れようとした点では、現状の Wikipedia において問題となる要素と解決への模索がすでに行われていたケースとして興味深い。しかしながら項目数充実の遅れが、同プロジェクトにとって致命的な欠陥となったことは、前述した Wikipedia の成功過程の対比から明らかと言えるだろう。

第 3 章　「Wikipedia」の現状と問題点　93

Citizendium の発足

その後 Nupedia の"不振"の責を問われる形で、出資元であった Bomis 社を去った Larry Sanger は、2007 年 4 月に新たな査読制度付きのインターネット百科事典プロジェクト『Citizendium』（http://en.citizendium.org/）を立ち上げた。

この Citizendium は辞典項目の作成に関わるスタッフとして「編集者」と「執筆者」という 2 つの役割を設けている。「編集者」は執筆者の書いた記事を査読する役割を持ち、査読を担当する分野について専門的な知識をもっていることを示す（学位所有、あるいは専門書の執筆実績等）必要がある。対して執筆にはそれらの資格・実績は要求されないが、すべて実名で行うことが条件とされる。当初は Wikipedia のミラーサイトとして運用を開始し、その後上記のシステムによって Wikipedia の項目を置き換えていくことを狙っている。

この手法は、Wikipedia と前掲の Nupedia の折衷的手法と位置づけられる。Nupedia の失敗要因は、執筆のための高すぎるハードル（博士号取得者に限定）と査読制度の厳密な運用によるコンテンツ充実の遅れにあった。その改善を図るため、Citizendium は執筆者として関わるためのハードルを大幅に下げ、また記事項目作成と査読（編集者によるチェック）を別のラインに置きパラレルに進行させることで、査読によるコンテンツ増加の遅れを極力回避する方法を採用している（Nupedia のように、査読が終了するまで数カ月もの間、項目追加が行われないような事態を回避できる）。

Scholarpedia の試み

同様の手法によって現在活動中の査読制度付きインターネット百科事典プロジェクトとしては、『Scholarpedia』（http://www.scholarpedia.org/）が挙げられる。これは現在コンピュータ神経科学、コンピュータ情報学、力学の三分野に限定して活動しており、利用者からの投票によって選出した執筆者（その分野の専門研究者に限定）に執筆を依頼、記事を作成してもらう。

その後 Curator と呼ばれる記事管理者（最初に Curator となるのは執筆者本人。もし辞退したり、長期間管理が行われなかった場合には他の人物が選出される）によって登録ユーザーからの加筆、修正意見を反映、査読していく段階に移行する。ユーザーは登録の際、実名と所属（大学・研究機関名）の登録が必要で、登録内容は公開される。2008年7月現在の記事数は87本である。

　この手法は Wikipedia の課題となっている記事の信頼性の問題を解決するアプローチの一つであると評価できるが、同時に（解決することで生じた新たな）課題をも示している。

　まず参加ユーザーのうち、高い専門性を要求される「編集者」の確保とその継続的で速やかな参加・作業進行を担保すること、また明確な動機付けやあるいはインセンティブが提示されていなくても、そうした高負担の作業関与、あるいは実名を出した上での執筆活動をバックアップするシステム構築である。

　一般に Wikipedia をはじめとするコミュニティ型コンテンツ、またソフトウェア開発で多く採用されているオープンソース型の開発モデルでは、基本的にコンテンツあるいはプロジェクトの運営そのものに報酬が支払われたり、収益を上げてそれが関係者の収入となるような体制を採用しているものは非常に少なく[36]、基本的にプロジェクトに対する高い動機付けを持つ参加者（複数人）が中心となって、"無報酬"で運営にあたるのが一般的となっている。『The Hacker Ethic』で Pekka Himanen が示唆した[37]ように、こうしたコミュニティにおける"報酬"は金銭的なものに限らず、技術的な挑戦あるいは達成感の獲得や仲間内からの賞賛、情報の公開と共有による開発リスクの軽減――特にソフトウェア開発ではこの要因が大きい――等様々であり、「無報酬＝無私無欲のボランティア（でなければならない）」と考えるのは正確ではない。

　Wikipedia および Citizendium でも同様に、運営への関わりによって収入が得られるシステムでも閲覧者から料金を徴収するシステムでも無いため、基本的にスタッフはすべて無報酬となる。これは執筆者についても同様であ

り、彼らは執筆料に類する、辞典の項目を執筆することによって得られる金銭的な報酬・評価を期待しない（できない）状況下で同プロジェクトに参加している。特にハンドル[38]や匿名での執筆が基本となっている Wikipedia では、活動がそのまま実生活での業績として評価されることは困難であるといえる。裏を返せば、そうした直接的な報酬が無い中で、あれほど膨大なコンテンツを蓄積し続けてきた活動とその動機付けが注目される点でもある。

　Wikipedia の場合、匿名であり、また執筆権限の敷居を低くすることでより多くの参加者を集め、多数の参加者が作成する多ジャンルかつ多数の項目がまた別の参加者を呼ぶ、というコミュニティにとって好ましいサイクルを作り上げることで今日の隆盛を築いてきた（これは、「量が質を確保する[39]」という、Linux の開発モデル、あるいは発足当初から2003年頃までの２ちゃんねると似た成長パターンと言える）。つまりコミュニティの活気と変化が参加ユーザーの動機付けとなると分析し、内容の精査に優先して、柔軟かつ素早い項目の追加を行うなどインターネット百科事典の特性を生かした方針が成功した事例と言える。

記名制辞典サイトの弱点と限界

　その点では、冒頭で述べた「直接的な報酬」も、また後半の「コミュニティの活気」を確保する手段も、まだ Citizendium は獲得していない。もしそれがなければ Larry Sanger は Nupedia の轍をもう一度踏むこととなる。この点について有効な見解を出し得ていない点が、Citizendium の大きな弱点であると言える。現時点での Citizendium は、Wikipedia のミラーサイトとして出発し、徐々に査読制度を導入した記事によってその内容を置き換えていく方針が示されている。だが、執筆者による項目作成と編集者の査読への動機付け（モチベーション）を保ちつつ、相互の意見調整を行うこと、また実際問題として Wikipedia が現在勝ち得ているようなインターネット百科事典としてのポジションを質のみならず項目数（すなわち"量"）の面でも代替していくだけの力と継続的な活動が確保できるかは未知数である。無論、インターネット

図 8 Citizendium (http://en.citizendium.org/)

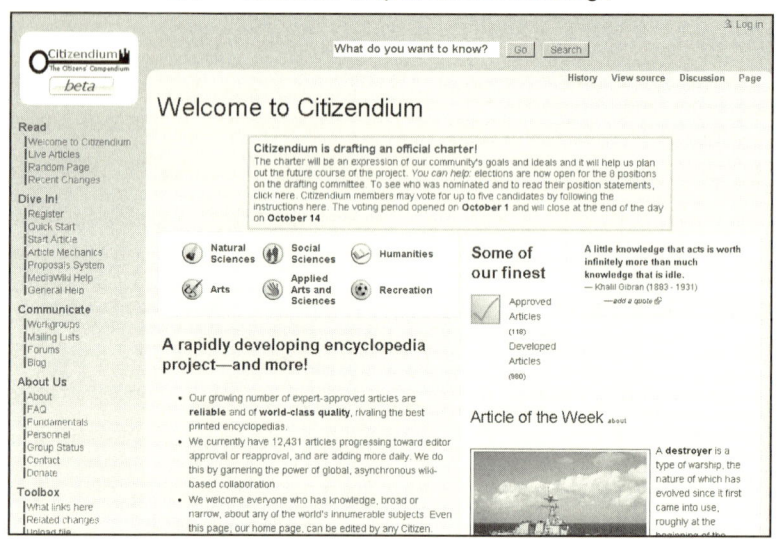

図 9 Scholarpedia (http://www.scholarpedia.org/)

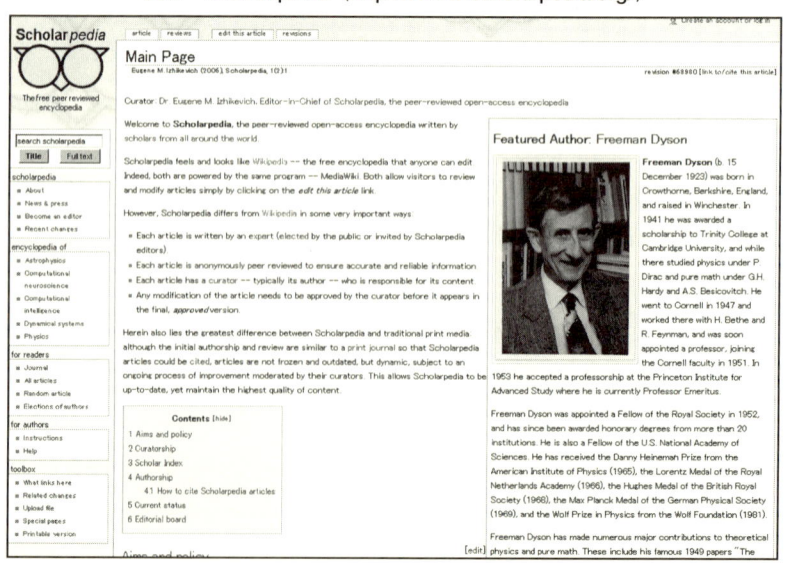

(上記 2 点の画像は2009年10月15日採集)

上における情報の信頼性の問題がより多くの場で提起されていく中、Citizendium の試みが持つ意義は決して小さいものではないが、現状では Citizendium はインターネット内において Wikipedia の亜流的位置付けに甘んじてしまう可能性が高いように思われる。少なくとも検索サイトとの十分な連携によって、「信頼性」という Wikipedia の欠落点を補うことのできる存在であること、同時に検索結果の上位に表示されるといった「目に付きやすさ」、プレゼンス面が改善されない限り、Wikipedia の補完、あるいはマイナーバージョンとしての位置づけを脱すること（たとえそれが実体としては誤りだとしても）は難しいものと思量される。

第9節　「Wikipedia」以降のインターネット百科事典のあり方について

「Wikipedia」はいかにあるべきか

　これまで述べてきたように、Wikipedia のめざましい規模伸張は、（Google 等の検索サービスと連繋することによって）巨大なデータベースとしての役割を明確にしてきた現在のインターネットにおいて、コミュニティ型サイトの持つ役割と力を具体的に、かつ大々的に示す一例となった。だが、その成長に伴って「情報の信頼性」という基本的かつきわめて重要な点における破綻が顕著になってきてもいる。では、こうした状況をユーザー側はどのように捉え、また対応していけば良いのか。私の結論を端的に言えば、「より信頼できる情報源からのコンテンツ提供を活発化させる」という点につきるのだが、以下、そうした問題への対処も含めた、ウェブ百科事典の今後のあり方と展開について私見を述べる。

信頼性

　まず、現状大きな課題とされている信頼性の問題について。抜本的な改善には第3項で取り上げた幾つかのウェブ百科事典の例に見られるように、「実名・所属の表記」、より現実的には「実名による利用登録（Wiki上ではハンドルの使用可）」という手法が効果的であるように思われる。その場合は無論閲覧、引用等、編集や加筆・修正に関わるもの以外の利用については自由であることが望ましい。この場合、匿名での執筆や編集が可能な現状のWikipediaと比較して、自らの所属や実名を公開しなければならない執筆者の社会的なリスクはやや高くなるが、その点については公開への段階をいくつか重ねることで軽減する。

ユーザーの動機付け

　次に参加者の動機付けについて。（いわゆる「Hacker Ethic」やフリーソフトウェア運動と呼ばれるような）自発的熱意によることが望ましいが、それに全面的に依存することは現実的でなく、また信頼性の確保や中立性の維持という面から見れば、長期的には不安定な要因と成りかねない。そのため実際の運用時には、前項で述べた信頼性の確保との関連からも大学等既存の研究機関との連携が不可欠であろう。具体的には各大学ごと、あるいは複数の大学が連繋してWikiによる辞典プロジェクトを立ち上げ、各大学の修士学生以上を目安として編集参加資格を与える。その際、項目の執筆及び加筆・修正作業を各大学課程での成績や実績評価に含めることを検討する。

　各大学ごとの成果を統合した上でまず大学間の学内ネットワークで公開（この時点では閲覧を登録制にしても可）し、教員を含めた各学科や課程内での査読、項目名の検討（検討や改訂・編集のためのシステムは現在のWikipediaにおける「ノート」や「履歴」の機能を参考にできる）を経てWeb上のサイトに反映する。この際、各大学および学科における査読を経たことを示す画像マークもしくはテキストを付与することで、各大学の貢献度の目安にする。また、他大学の学科、教員に査読を依頼することも可能とし、「項

目は執筆したいが専門研究者がいないため査読を通せない」という事態を極力回避する。

大学・研究機関との連携

その上で、Web上で公開した成果は、積極的に他のプロジェクト（Wikipedia等）に提供し、また他のプロジェクトにおける成果を取り込み、その査読作業を負担することで相互のコンテンツ充実を図る。

また、上記の大学間におけるインターネット百科事典の特色として、各大学所蔵の蔵書や資料、論文や紀要等の積極的な電子化を図り、またその引用が百科事典内で容易に出来るようなデータベースを構築し、インターネット上に公開する。これは参加する各大学のデータベースの検索をインターネット上から利用可能なものとすることで、ウェブ百科事典以外でも他大学所蔵の資料の利用が簡便化されるメリットを生み得るのではないか。将来的には、国会図書館における蔵書電子化計画（2000年度政府策定のe-Japan重点計画「美術館・博物館、図書館等の所蔵品のデジタル化、アーカイブ化」に基づく）や米国ハーバード大学等における蔵書の電子化プロジェクト等、官庁や他大学、機関の推進するプロジェクトと連繋することで、ISBNのような"世界一括"のコードによって資料が利用出来る環境を整備し、より簡便で汎用性のあるデジタル・データベース構築へとつなげていくことも可能になると思われる。

"次世代ウェブ百科事典"の実現に向けて

以上、インターネット上における「百科事典プロジェクト」の構築について、個人的な見解と構想を述べてきた。これはあくまで「理想論」であって、実際には様々な大学・研究機関の連携や人材の組織化、またサーバ自体の維持に関係する費用の捻出等、困難な課題が多数持ち上がってくることは容易に想像できる。また他にも（各大学間で蓄積するコンテンツの記述方式や仕様を統一し、Google等の外部検索サイトから検索・閲覧が自由にできるよ

うにする、といった"緩やかな統合データベース化"という手法も考えられよう）具体化の際にはより詳細かつ現実的な判断と調整が不可欠であろう。

だが、私が上記提案を述べたのは、Wikipedia が掲げる「だれでも自由に利用できる百科事典」という一つのコンセプトに倣いつつ、信頼性と公共性を確保した（そして確保し続けることのできる手段を持った）インターネット上の情報データベース構築の必要性を感じるからだ。現在のインターネットが持つ公共性、さまざまな人々が利用する情報インフラとしての性格を考えれば、それがどのような形で実現するにせよ情報として、また編集システムとして「限られた人のための、閉じられた情報」となってしまうことが、信頼性を確保する意味でも、また情報の量と鮮度を確保する上でも好ましいものでないことはこれまで述べてきた Wikipedia の特性と問題点の指摘から明らかであると思われる。

同時に、「信頼できる情報の提供者」を確保することも重要だが、それはしばしば前述の「だれでも、自由に」というコンセプトと背反してしまうことは確かだ。例えを用いるなら、「素人が民主的に執筆した事典よりも、専門家が独裁的に執筆した事典の方が信頼性に勝る」ということは十分に（というよりも必然的に）あり得るといえる。こうした「矛盾」を解決するためには、第四項で述べたような既存の大学・研究機関との連携が必要となってくるだろう。すでに「インターネット上の百科事典」として高い知名度を誇り、そして豊富なコンテンツを持つ Wikipedia の（そしてインターネットの）特色と利点を大学や研究機関が理解し、そこに自学の研究コンテンツの「乗り入れ」を行なうことで、より相互参照しやすく、信頼性の高い情報データベース、すなわち多くの人々により有用な知識とその検証方法を知らせることのできる情報環境を提供することができるのではないか。ここで重要になるのは、あくまで「相互参照」を基本とした柔軟なウェブとの連携であって、「信頼できない Wikipedia を、信頼性の高い学術機関の百科事典が置き換える」ことではない。そうした相克的態度を取れば、これまで多くのフリーソフトウェア・プロジェクトが直面してきたトラブル[40]と同様、対立

や混乱、そして人材の分散を招く可能性が強い。それは結果的に Nupedia と同様に（正確ではあるものの）項目数や更新頻度の低い、結果として利用者を限定した、使い勝手の悪いものになってしまうだろう。もちろん「利用者が多ければそれで良い」わけではないが、一定以上の閲覧数を確保することは、辞典の信頼性や社会的な役割と意義の確保、そして記事の書き手のモチベーションを高める上で決して無意味なことではない。より踏み込んで言うなら、インターネット上に公開する以上、またインターネットという情報公開手段を採る以上、それがどのような形態のものであれ、「情報の公共性」を無視することはできない。特に学術研究機関やそれに携わる側がインターネット上において果たしうる役割を考える時、避けては通れない課題となるだろう。

　1章以降述べてきたように、今後インターネットがデータベース化と情報コンテンツの蓄積により適した形態に変化し、そのための機能や環境を充実させていくことは確実である。

　その中で、「インターネット上における情報出典の中心が Wikipedia」という状況を変えたい、あるいは何らかの問題があると考えるならば、大学や出版社等情報コンテンツを抱えその検証システムを持った機関がより積極的かつ汎用的なインターネットへの情報提供、コンテンツ提供を行なう仕組みとそのための連携が、特にインターネット・コミュニティとの連携を軸に構築されていかなければならない。

「情報源として不正確だから止めさせる」のではなく、Wikipedia の存在を、インターネット上により正確かつ出典、出所のはっきりした情報とその集積場所を構築するきっかけとしていく視点が、今後必要となってくるだろう。

注

1) 全ての言語版の項目数を合計したもの。2008年3月28日時点で達成。2009年10月15日段階での日本語版の項目数は623823本となっている。

2) ポータルサイト大手の「Yahoo! Japan」(http://www.yahoo.co.jp/) や「goo」(http://www.goo.ne.jp/) では『大辞泉』(小学館) や『大辞林』(三省堂) 等の出版社からライセンスを受けた辞書・辞典の検索サービスを提供している。ほとんどの場合、ポータルサイト上での辞書・辞典検索サービスは無料で提供されており、国語辞典や英和・和英等の複数の辞書を横断して検索することが可能である。パソコン上で動作する電子辞書・辞典としては、Microsoft社が発売している『エンカルタ』シリーズ (http://www.microsoft.com/japan/users/encarta/default.mspx)、岩波書店の『広辞苑 DVD-ROM 版』(http://www.iwanami.co.jp/moreinfo/1301610/) 等がある。

　なお、上記の『エンカルタ』および『広辞苑 DVD-ROM 版』の情報参照用として掲げた URL は、2008年7月時点のものである。

3) ここでの「無料」・「自由」は、「GNU Free Documentation License」(GNU FDL) に基づいている。同じ GNU による「フリーソフトウェアライセンス」と同様、著作権者が文書の利用者に対し、再配布時も含めた複製、改変の自由を与えるもの。

4) Web 2.0 の定義については1章を参照。

　Tim O'Reilly による Web 2.0 の定義と例示では、ファイル通信ソフトウェア「BitTorrent」や「ブログ」等とともに Web 2.0 の概念に当てはまるサービスの一つとして挙げられており、Web 1.0 としての「Britannica Online」と対比されている。

(http://www.oreillynet.com/pub/a/oreilly/tim/news/2005/09/30/what-is-web-20.html)

5) 厳密には、匿名での記事投稿・編集を行なう「IP ユーザー」とユーザー名を登録している「ログインユーザー」では編集権限に差がある。IP ユーザーおよび登録してから4日以内のログインユーザーは、管理者から「半保護」に指定されたページ (主に内容についての疑義や批判によって編集が繰り返される"編集合戦"が生じているページに対して指定される) の編集を行なうことができない。

6） 他にも Wikipedia 閲覧を目的として開発された専用のブラウザ（下記の画像）を利用する方法や、携帯電話から閲覧する方法もある。ただし、2008年7月現在、日本で利用されている携帯電話からの閲覧には正式対応しておらず、機能や閲覧性に一部制限がある。

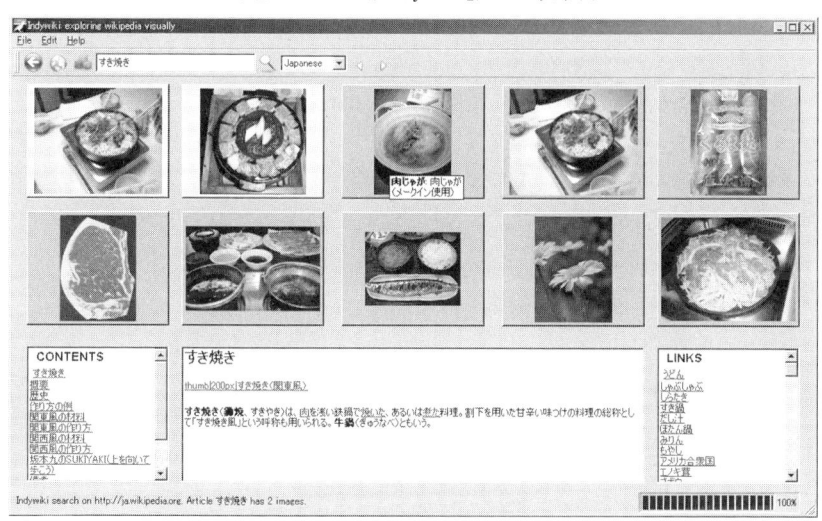

専用ブラウザ（『IndyWiki』）での表示例

Wikipedia 閲覧のみを行う場合にはこうした専用ブラウザを利用した方が利便性は高い。上記のソフト IndyWiki では、ウェブブラウザでは一覧しづらかった目次や画像、関連項目と本文を一つのウィンドウの中で閲覧することができる。
（『IndyWiki』http://indywiki.sourceforge.net/download.html　にて配布されているもの）

7） ここでは Windows XP 上でウェブブラウザ「Firefox」を使用している。
8） Wikipedia における各言語版はそれぞれ別個に作成される（一部、他の言語版から翻訳される場合もある）ため、記事の量や精度にはたとえ同じ項目であっても言語間で差が生じることが多い。「専修大学」の項目で言えば、日本語版では設置されている学部・学科の情報に加え創立経緯や沿革、研究内容等

詳細に記載されているのに比べ、英語版、ハングル版はそれぞれ設置学部・学科と所在地等が記述された簡素なものとなっている。

9）　インターネット上の各種サービスやウェブサイトにアクセスするための手段（検索やリンク集）、またウェブメールや電車の路線検索など、ユーザーが日常的に利用する機能を複合的に提供するウェブサイト。

10）　「WikiWiki（ウィキウィキ）」とも。意味はハワイの現地語で「早い」を意味する。単に「Wiki」と言った場合、そのシステムを構成しているソフトウェアを指す場合と、そのソフトウェアを利用することによって実現したサイトの機能や概念を指す場合がある。「Wikipedia」は後者にもとづく名称であり、「Wikiシステムを用いたWeb百科辞典」を意味している。一般に誤解されやすいが、「Wiki」はWikipediaそのものや「百科事典サイト」を示す言葉ではない。すなわち「Wikipedia」を指して「Wikiでは○○についてこう書かれている」といったような用法は本来正しくない。

11）　Ward Cunninghamが最初に設立したWikiサイトは『Portland Pattern Repository』（http://c2.com/cgi/wiki）というプログラム開発に関する情報サイトである。

12）　Wikiシステムを実現するためのソフトウェアは複数存在するため、本文内でも述べているようにこれら「Wiki」サイトの仕様や機能は一様ではない。

13）　1章4)を参照。

14）　「Hyper Text Markup Language」の略。註13で述べているマークアップ言語の一種で、1986年に文書の電子化規格として定められた「Standard Generalized Markup Language（SGML）」（ISO 8879：1986）の一部が使われている。

15）　開発元のサイトは　（http://www.mediawiki.org/wiki/MediaWiki）。Linux等と同じ「GNU General Public License」によって配布されており、改変や再配布は自由。もともと「MediaWiki」はWikipediaのために開発されたものであるが、現在はWikipedia以外の多くのWikiサイト（日本国内では医学辞典サイト『Medipedia』（http://medipedia.jp/)、Wikipediaのパロディサイト（http://ansaikuropedia.org/）等でも利用されている。

16）　「Cascading Style Sheets」の略。HTMLファイルやXMLファイルで、文字の大きさや修飾方法等、ページを構成する要素をどのように記述するかを指定する仕様。

17）　記事の執筆、特にタグ入力の手間を省力化するための専用ソフトウェアやプ

ログラム・スクリプトを利用する方法もある（もちろん必須ではない）。
18) 米国内国歳入法501条(C)(3)に基づいた免税認定を受ける"慈善団体"として登録されている。
19) 1996年にWikipedia創設者であるJimmy WalesとTim Shellによって創業されたインターネット広告販売を主事業とする米国の企業。WikipediaおよびNupediaに対し出資を行い、Bomis社の代表を務めている（2008年7月現在）Tim Shellは、2006年12月までWikimedia財団の理事を務める等、立ち上げ時からWikimedia財団およびWikipediaプロジェクトと強い関係を持つ。また同社は2005年まで、「Bomis　Premium」というウェブサイト上でポルノコンテンツの配信を行っていた。
20) 企業や政府機関による戦略的広報活動（プロパガンダ）の検証・追求を趣旨とする季刊の電子メールマガジン「PR　Watch」の編集者。カリフォルニア在住の米国人。なお、彼は「Wikimedia」という呼称の発案者であると同時に、Wikipediaプロジェクトに触発され「PR Watch」と同じく企業・政府機関による広報活動研究を対象とした「Disinfopedia」（現「SourceWatch」）プロジェクトを創設している。
21) 創設時点での理事数は5人とされたが、2006年7月に7人に拡大。以降もさらに人数枠を拡大するとしているが、2008年9月初日時点ではまだその概要が発表されていない。
22) http://wikimediafoundation.org/wiki/Staff より
23) 初期は創設者Jimmy Walesが役員を務めていた「Bomis」からの資金援助を受けていた。現在では基本的にハードウェア（サーバ用のパソコン機器等）購入資金はすべて（主に個人からの）寄付金をもって充てている。また現在Jimmy　Walesが役員を務めるインターネットホスティングサービス企業「Wikia」から帯域経費等に関する資金援助を受けている。
24) 2008年の理事選挙で提示された条件は以下のもの。
・そのウィキでブロックされていないこと
・ボット（項目の編集や追加を自動化するプログラム）でないこと
・そのウィキで2008年3月1日以前に最低でも600回編集していること
　そのウィキで2008年1月1日から5月29日までに最低でも50回編集していること
25) 2001年に発足。URLは「http://ja.wikipedia.org/」。2008年9月時点での項

目数は五十二万を超えており、Wikipedia の言語版中では英語・ドイツ語・フランス語・ポーランド語についで五番目の規模を誇る大規模な言語版である。

26) ドイツのプフレンドルフ生まれで、現在はシアトル在住。弁護士。2008年7月より Wikimedia 財団の理事長（任期は未定）。

27) ここでは Wikipedia のデータを格納しているサーバマシン（コンピュータ）のこと。Wikimedia 全体のサーバはフロリダ州タンパに設置されている。その他、オランダのインターネット企業 Kennisnet 社から提供されたサーバ11台がアムステルダムに、ポータルサイト大手の Yahoo！から提供されたサーバ23台が韓国ソウルに設置されている。なお、これらのサーバ上で稼働しているのは Linux や FreeBSD 等の OS、Squid（ウェブキャッシュを利用してウェブサイト閲覧を高速に行う事を目的としたソフトウェア）等のアプリケーションをはじめ殆どがいわゆる「フリーソフトウェア」で構成されている。

28) 例えば、数百人中一人しか欲しがらない商品、数千人中一人しか主張しないような意見であっても、インターネットを通じて日本国内、あるいは世界全体の需要や同意見の人々をまとめ合わせればそれなりの規模の集団として認知されるようになる。特にそれらの人々が一つのサイト、あるいは掲示板に集まったような場合、まるで社会全体がそうした需要・意見を持っているかのような空間ができあがることがある。このように、ネット上、特に匿名型の掲示板では実社会の感覚とは異なるマイナーな需要や主張が、一つのコミュニティの中であたかもマジョリティであるかのように振る舞ったり、それに対する批判意見に対して極めて攻撃的な態度に出るといった事態がしばしば起こる。本文内でも述べているように、こうしたインターネットの特性は企業広告および政治活動や社会活動におけるマイノリティーの結集・顕在化等では大きな意義を持つ場合もあるが、時として「サイバーカスケード（Cyber cascade。米国の憲法学者 Cass Sunstein によって名付けられた概念で、インターネット上において、先に述べたような状況からコミュニティが異論を排除し、先鋭化、偏向化した状態を強く示すようになること）」と呼ばれる状況を生み出してしまうことも多い。

29) Wikipedia サイト内にある「What Wikipedia is not（Wikipedia は何ではないか）」(URLは http://en.wikipedia.org/wiki/Wikipedia:What_Wikipedia_is_not。日本語版の URL は http://ja.wikipedia.org/wiki/Wikipedia: ウィキペディアは何ではないかでは、Wikipedia の記事を投稿、編集する際に留意すべき点とし

第 3 章　「Wikipedia」の現状と問題点　107

て、Wikipedia の内容について10項目、コミュニティについて 6 項目を挙げている。特に前者として「Wikipedia is not a dictionary（Wikipedia は辞書ではない。ここでは、辞書的な定義のみを記述する場所ではないという）」こと、また「Wikipedia is not a publisher of original thought（私的な意見を公表する場所ではない）」ことなどが示され、Wikipedia を個人的意見の発表や宣伝・布教を行う場として、あるいは報道や告発の手段として利用することが無いよう求めている。

30)　米国のジャーナリスト・John Seigenthaler（Robert Kennedy 司法長官の補佐官を務め、『USA Today』紙の論説主幹、アメリカ新聞編集者協会会長を歴任した人物）が、Wikipedia に掲載された自身の記事に誤り（Seigenthaler がかつての上司である Robert Kennedy の暗殺に関与したとする文章）があることを発見し削除の申し入れをしたが、実際に削除が行われるまで 4 カ月近くかかったこと、またいくつかのミラーサイト（特定のサイトの内容をそのままコピーしてあるウェブサイトのこと。主にバックアップのために使用される）では誤った内容がそのまま残されていたことから、2005年11月、『USA Today』紙に論説「A false Wikipedia 'biographty'」を寄稿し、Wikipedia を「我々は世界規模のコミュニケーションと研究を実現するためのまたとない機会を提供してくれる、新たなメディア世界に住んでいる。しかしそこは中傷好きの"識者"、破壊的なボランティアのいる場所なのだ。(And so we live in a universe of new media with phenomenal opportunities for worldwide communications and research – but populated by volunteer vandals with poison-pen intellects.)」と批判した。なお、この件の発端となった書き込みを行った人物は後に名乗り出て Seigenthaler に謝罪したが、職場から当該の書き込みを行ったことが判明し辞職する結果となっている。
『USA Today』の該当記事：http://www.usatoday.com/news/opinion/editorials/2005-11-29-wikipedia-edit_x.htm

31)　米国バーモント州の Middlebury 大学史学部の日本史講義において「Shimabara Rebellion（島原の乱）」についてのレポートを課題にした際、Wikipedia 英語版の同名の項目から既述の間違いも含め引用されていたことが判明したもの。
上記の件に関する大学のリリース：http://www.middlebury.edu/about/newsevents/archive/2007/newsevents_6330844484309809133.htm

32) 2007年6月に死去した宮沢喜一元首相に関する記事内にWikipediaからの引用を盛り込んだ際に出典を明示しなかったことが問題となり、静岡新聞社が謝罪を行なった。
33) 例えば、生存中の著名人の出自や本名および現住所、思想信条や生育歴について等のプライバシーに関する事柄が該当する。
34) 「管理者」ユーザーとなるにはログインユーザーとしての活動実績と、Wikipedia内にある「Wikipedia：管理者への立候補」ページ（各言語版ごとに設定されている）での立候補、他のユーザーからの投票を経て信任される必要がある。「管理者」は編集保護、半保護されたページを編集できる他、特定ユーザーをそのページにアクセスできないようにする「ブロック」を行なう権限を持つ。またログインユーザーを「管理者」へ昇格させる権限（実際には投票で管理者に決定したユーザーを昇格させる作業権限）を持つ「ビューロクラット」、さらに管理者やビューロクラット権限の付与や削除を行なうことのできる「スチュワード」が存在する。ビューロクラットとスチュワードいずれも管理者と同様、立候補と投票による信任を得なければならない。なお、スチュワードはWikipediaのみではなく、Wikimedia財団の管轄するプロジェクト全体における役割設定である。2008年9月現在、Wikipedia日本語版の管理者ユーザーは61名、ビューロクラット6名となっている。またスチュワードはWikimedia全体で現在36名。
※Wikipedia日本語版の「Wikipedia：管理者への立候補」ページには「ウィキペディアでしばらく活動した参加者で、コミュニティのメンバーに広く認知され信頼されている人なら誰でも」と具体的な要件については記載が無いが、『ウィキペディアで何が起こっているのか　変わり始めるソーシャルメディア信仰』（2008年9月1日　山本まさき・古田雄介）では「ログインユーザーになって初めて記事を編集してから1ヶ月以上が経過」、「50回以上、編集実績がある」が立候補要件として挙げられている。
35) Nupediaが停止されるまでの3年間に査読を通過した記事は24本、74が査読中であった。2001年に開設されたWikipediaの場合、スタート時から3年が経過した2004年の末にはおよそ100万項目の記事（英語以外の言語版も含む）が公開されているので、記事の増加速度のみを単純に比較すると、およそ41667分の1のペースとなる。このペースの差こそが、「査読型インターネット百科事典」のコンテンツ拡充の難しさを端的に示すものであると言えよう。

36) プロジェクトの維持や振興のために物品やグッズの販売を行っているオープンソース・プロジェクトはよく見られる。例としてはUNIXの系列であるOS開発プロジェクト「OpenBSD」（http://www.openbsd.org/ja/）など。下掲の画面は同プロジェクトホームページおよびそのグッズ販売ページ。

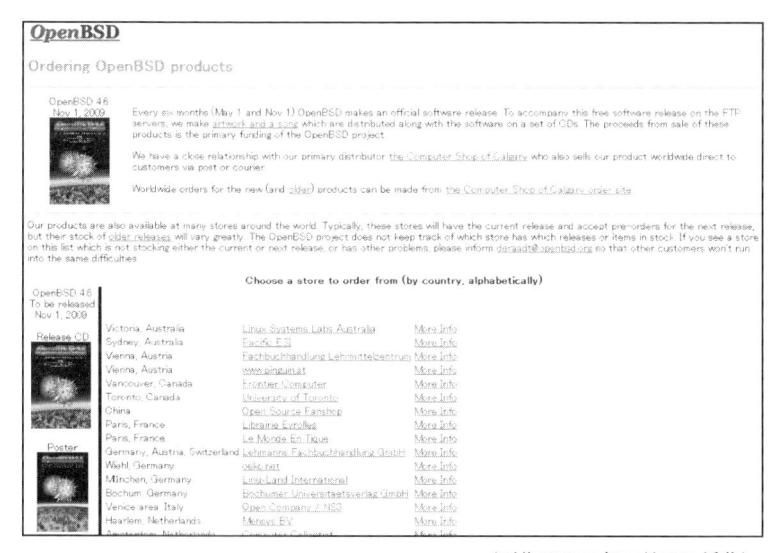

（画像は2009年10月15日採集）

37) カリフォルニア大学バークレー校のPekka Himanen（情報社会論）は、著書『THE HACKER ETHIC and the Spirit of Information Age』（2001年。日本語版タイトルは『リナックスの革命―ハッカー倫理とネット社会の精神』）で、「ハッカー共同体」（オープンソースモデルの開発コミュニティにおいて活躍する、高い技能を持つコンピュータ技術者集団）が無償でソフトウェア開発やコミュニティの運営に熱心に関わる動機付けについて、「同じ情熱を持つ共同体の中で称賛されることは、彼らにとって金銭よりずっと重要で、ずっと深い満足感を与えてくれることなのだ。アカデミックな世界に生きる学者の場合とまったく同じである」（同書p.71）と指摘している。

38) 掲示板やSNSなどで使われる名前。コミュニティ内における一種の「ペンネーム」としての役割を持つ。インターネット普及以前、パソコン通信の時代

から（主に日本で）使われてきた用語であるが、英語圏では Screen Name（スクリーン・ネーム）という呼称が一般的。

39) 特にソフトウェア開発におけるバグ（欠陥）の発見や改良・修正手段の報告等、母集団が多いほど好ましい結果（より多くの報告と手段の提案）がもたらされることが多い。同様に「2ちゃんねる」のようなコミュニティにおいても、多くの人々が多様な話題を提供している場に参加すること自体を目的として参加するユーザーも多い。それによって集まったユーザーがさらに多くの参加者を呼び込むという循環を作り上げることができる。そうして集まった多くの「ギャラリー」を目当てに、優秀な技量を持ったさまざまなジャンルの「職人」が集まる、というのが初期「2ちゃんねる」の急速な成長の一因であった。こうした膨大な投稿とそれに対する返信（レス）から、Flash やアスキーアートの職人、『電車男』等の社会的に注目を浴びるコンテンツが生まれていった課程については、2章を参照のこと。

40) Linux や FreeBSD などの UNIX 系オペレーティングシステムで使用されているウィンドウシステム用ソフトウェア「X Window System」の開発に携わるオープンソース・プロジェクトであった XFree 86 Project（http://www.xfree86.org/）は、配布ライセンスの変更に際して参加スタッフ間の意見の齟齬が表面化し、中核的なメンバーが脱退して新たに同様のシステムを開発するプロジェクト・X.Org Foundation（http://www.x.org/wiki/）を設立した。ソフトウェア開発に関する意見の違い、配布ライセンスの解釈の相違からプロジェクトが停滞、分離するケースはオープンソース・ソフトウェア開発では決して珍しい事例ではない。それらは必ずしもネガティブな結果のみに終わるわけではなく、FreeBSD から分離した OpenBSD のように、機能やコンセプトの違い（OpenBSD の場合は、「セキュリティ」を強調した）を示し「棲み分け」を図ることで、より多様な選択肢がユーザーにもたらされる場合もある。しかし、同時に開発に携わる人材およびユーザーの分散により、技術的な進歩や普及が停滞してしまうリスクは決して小さなものではない。ことに、Wikipedia のように公開型プロジェクトとして「インターネット百科事典」を構築する場合には、ウェブサイトの技術面に関わる人員はもとより、コンテンツの質量面での充実に関わるユーザー（執筆者として、同時に"読者"として）の多寡は単なる「サイトのアクセス数」以上の意味を持つ。それらの点からも、同一目的のプロジェクトの分割・分散は出来る限り避けるべきであろう。（なお、当然な

がらすべてのオープンソースプロジェクトの分離や独立が開発スタッフ間のトラブルに起因しているわけではない。)

※視覚による直感的なインターフェイス（Graphic User Interface、GUIとも）を提供するためのソフトウェア。UNIXオペレーティングシステム上で、一般に広く使用されているWindowsやMac OSと同様にマウスを使ってアイコンやウィンドゥを操作するGUI環境を利用できるようになる。

第4章

ケータイ小説コミュニティとその作品

―― 迷走するコミュニケーション・ツールとしての小説 ――

第1節 「ケータイ」で読む「小説」

携帯電話の普及とメディア化

 1999年のｉモード[1]登場以降、携帯電話はその急速な普及と高機能化に伴い、単なる通話機器ではなく、インターネットの利用媒体としても大きく注目されるようになった。表示やアプリケーションの機能面に関しては単体としてパソコンにまだ及ばない部分があるものの、何よりその高い普及率と場所を問わずどこでも使えるという手軽さがユーザーに受け入れられ、特に中高生を中心とした若年層にとって、単に「電話をする」だけの道具ではなく、メールやウェブ閲覧を通じた友人同士のコミュニケーション、情報収集手段として日常生活に欠かせない存在となりつつある。現に2007年度末での各携帯電話事業者合計の契約数は国内人口の9672万件に上り、国内人口の約４分の３が利用するという巨大な市場、そしてメディアへと成長を遂げている。
 そしてその水面下で、携帯電話を媒体としたインターネット上におけるメディア作品、またそれを生み出す土壌となるコミュニティの登場が準備されていた。とはいえ、その発展がパソコン上のコミュニティに比べ目立たなかったのは、コミュニティを形成するに足る環境の整備にある程度の時間を要したことが影響していると言えよう。２ちゃんねるやmixiなど、携帯電話によって見ることの出来るコミュニティ・サイト（携帯電話ではキャリア間による規格の違い、端末の性能差等から特定のキャリアあるいは端末でしか閲覧できない、あるいはそのサービスを利用できないといったサイトが多く見られる）は以前から存在し、それを利用するユーザーも存在したが、それらコミュニティの中心となっていたのはあくまでパソコンから利用する

ユーザーであり、携帯電話ユーザーはウェブサイトの表示や機能上の制限が多かったこと[2]、また各携帯キャリアのインターネット料金体系が従量制（通信したデータ量、あるいはサーバへの接続時間に応じて料金が課されていく方式）を中心としており、長時間かつ大容量の通信には向いていなかったこと[3]から、長くインターネット利用、そしてコミュニティ形成の中心になるとは見られていなかった。

　しかし携帯電話は、コンピュータとしての機能そのものはパソコンに及ばないものの、以下のような利点と特徴を持っていた。まず個人が「携帯」する機器であったため、よりプライベートかつ幅広い場所、時間での利用に適していたこと、次にパソコンほど操作が複雑でなく、比較的安価で入手しやすいこと、さらにもともと電話や電子メールの利用等、「通信すること」に特化されたツールであるため、パソコンと比較してインターネット接続時に際して煩雑な設定やソフトウェアの導入に悩まされずに済むこと、である。

　そしてもっとも重要な要素であったのが、電話料金の支払いと手続きを一本化することで、有料のサービスやコンテンツを利用しやすい環境が整備されていることであった。

　これらのうち、特に有料サービス利用時の利便性については主にサービス事業者、コンテンツ制作者にとっての大きな利便性となっている。実際、携帯電話においてはパソコンと比較して着信メロディーや待ち受け画面の販売、あるいは各種の会員制サイトといった有料サービスの提供や利用が進んでいる。また、携帯電話自体をキャッシュカードの代替や電子通貨の記録媒体として利用する動きもある。これらは、利用契約時に各携帯キャリアに利用者情報が登録されることで利用者の同定と料金支払いがパソコンと比べて必然的に正確かつ容易となる携帯電話のシステム的特性に立脚したものと言えるだろう。

　こうした利点を背景に、また中高生を中心に若年層に圧倒的なユーザー数（＝市場）を抱えたことで、携帯電話とそのユーザーに対応した機能やサービスを提供するサイトが無数に設立され、あるいは携帯利用者同士のコミュ

ニティが誕生し始めた。これらは一般的に「携帯サイト」(「ケータイサイト」の表記もある)と呼ばれている。また、先にのべたmixiなど、これまでパソコンユーザーを中心としてきたコミュニティサイトも、次第に携帯電話ユーザーに対する対応、サービス比重を広げつつある。

「ケータイで読む小説」の登場

　本章で取り上げる「ケータイ小説」も、そうした携帯電話の普及と高機能化を背景として誕生した新しい(2008年現在から考えれば、10年足らずの歴史しかない)メディアであり、それを背景とした作品群であるといえる。
　ここでいうケータイ小説とは、基本的に携帯電話上で閲覧することを前提として創作されたテキスト作品を指し、既存の小説作品などを携帯電話での閲覧に対応させたもの(携帯版電子ブック等)は含まない。そのジャンルや内容はさまざま、アマチュアによるもの、職業作家によるものの両方が存在し、その展開は多様である。だが、2008年現在の段階で市場の主流となっているのは前者の「アマチュアによる執筆」であり、その発表媒体として中心的な役割を担っているのがケータイ向けのインターネットコミュニティだ。
　そもそも、今日のケータイ小説の直接的源流となったのは2000年(iモード登場の翌年)に発表された『Deep Love』[4]とされる。同作は渋谷センター街を舞台に、女子高生・アユの経験するさまざまな事件、人間関係とその顛末を描いたもので、「援助交際」や「エイズ」といった同時代的でショッキングなフレーズや登場人物が次々に悲劇的状況に巻き込まれる展開、「実話」を前面に押し出したプロモーションが人気を集め、当初著者であるYoshiの自費出版物としてスタートしたものが三部作合わせて10万部の売り上げという異例のヒットを記録した。これを受けて2002年にはスターツ出版[5]から新たな内容を加筆した「完全版」が刊行、2004年までに4部作計270万部が販売されるという大ヒット作品となった。小説本体のヒットと同時に、当初から映画化やマンガ化といった多メディア化を積極的に推し進めたことで、『Deep Love』という作品単体のみならず、ケータイ小説という

ジャンルそのものの知名度が飛躍的に向上するという結果をもたらした。米光一成[6]は、『國文学』2008年4月号のケータイ小説特集「ケータイ世界」の中で、『Deep Love』を筆頭とする作品群を「リアル系ケータイ小説」[7]と呼び、実話テイストであること、少女の恋愛物語であること、いじめ、裏切り、レイプ、妊娠、流産、恋人の死等の悲劇イベントを随所に配置しハイテンポに物語を進行させること、さらに性モラルや一般知識の欠落、といった特徴を挙げ、「社会的に正しくない」とその物語世界を評している。(ここで米光が「社会的に正しくない」と言うのは、作中に描写される事柄についての一般論であって、ケータイ小説作品そのものについての、米光自身の評価ではない)こうした傾向は(「社会的に正しくない」かどうかはさておき)確かに前掲の『Deep Love』にも、そして本章で取り上げる作品の特徴としても見られる点であり、現在の一般的なケータイ小説へのまなざしそのものであると言えよう(同時にそうしたある意味で「欠点の固まりのような小説作品」であることが、かえって「なぜこれが今売れるのか」といった世間の注目を浴びる要因ともなっている)。

『Deep Love』は既述のように「Yoshi」という著者(兼プロデューサー)により創作、発表された作品で、初出媒体が携帯電話を経由したインターネット上であること以外、構造として従来の小説出版とそれほど特異な点は無い。ところが現在のケータイ小説の主流となっているのは、そうした職業作家(あるいは創作活動を生業とする人物)による作品ではなく、インターネット上に公開されたサイトを介して作品を執筆、公開する「投稿サイト」型コミュニティによって生み出される作品群と、それを書籍として発行する出版社、という組み合わせの構図だ。

ケータイ小説サイトは、携帯電話を介して閲覧することを前提としていること、またいくつかテキスト作品を執筆、閲覧する際に便利なツールや機能を提供している以外にコミュニティとして特に目立った特徴はない、通常のSNS(2章49頁参照)や電子掲示板、あるいは無料ホームページサービスと同様の空間と言えるだろう。またそこに「小説家(あるいは"クリエイ

ター"）志望」のユーザーが集うといった雰囲気もない、極めて（少なくとも見かけ上は）牧歌的なコミュニティにすぎない。ネット上の創作コミュニティとして代表的な2ちゃんねるの「職人スレ」[8]とも異なる空間だ。しかし実はその牧歌的空間こそが、"過激"な表現と内容に満ちているとされるケータイ小説最大の培地なのである。

　そのケータイ小説投稿サイトとして最大手であり、発表される数多くの作品が書籍化、あるいは映画化されていることから大きな話題となっている「魔法のⅰらんど」（http://ip.tosp.co.jp/）という無料コミュニティサイトだ。次節で、その詳細について触れていこう。

第2節　「魔法のⅰらんど」とケータイ小説『恋空』の概要

ユーザー間の「交流」を求めて

　同サイトは1999年に株式会社ティー・オー・エスによって開設された。本来は「携帯向けの無料HP（ホームページ）作成サービス」を提供するものであったが、現在はそのホームページ上で発表される（利用ユーザーが自分のページを開設、その機能を利用して小説を投稿する形式の）小説作品を中心としたコミュニティ、そしてそのコミュニティ活動そのものを中心とするコンテンツホルダーへと転換しつつある。

　同サイトの基本的なビジネスモデルは、ユーザーが小説（あるいは詩、エッセイなど）を執筆し発表する場所（ホームページ）を無料で提供し、またその作品を読む読者（他のユーザー）が集まる空間＝コミュニティを主催することで人気のあるコンテンツを集積し、その中で特に人気のある（あるいは"商業展開の可能性有り"と認識される）作品を出版社に販売し書籍化するというものである。また、2007年10月には「魔法のⅰらんど文庫」とい

う自社ブランドによる出版事業を、ライトノベルやゲーム情報雑誌等を手がける出版社アスキー・メディアワークスと共同で開始した[9]。

　「魔法のｉらんど」の特徴は、「BOOK（もしくは BOOK 機能)」と呼ばれる電子掲示板に類似したシステムを使い、自作のテキスト作品をホームページ上で発表できる機能で、1作品あたり最大500ページ、かつ一つのホームページに設置できるのは10冊まで、といった制限はあるものの、章やページ付けが設定でき、執筆時の構成変更や閲覧がしやすいこと、ページの背景や文字色、リンクの設定が行える[10]などの特徴を持つ。同機能を利用して発表された小説は、「魔法のｉらんど」内の「魔法のｉらんど文庫　魔法の図書館」から閲覧、検索できるようになっている。現在同サイトでは110万本を超える作品が掲載され（2007年11月時点）、利用ユーザー数は600万（公称）に上る一大コミュニティサイトへと成長した。

　同サイトにおける投稿作品は携帯電話の画面上での閲覧を前提としており、表示される文字数や版面は携帯の性能に対応している。

　また作品の投稿、編集を行う場合には「魔法のｉらんど」サイトへの参加（会員登録）が別途必要となり、同サイト上に自身のホームページを開設、そのホームページ内に先述した「BOOK」機能を使って自身の小説、あるいはエッセイ等を投稿し公開することができる。

　次頁の図1、2に「魔法のｉらんど」トップページと、実際にホームページを開設して小説（文章）を編集している画面を例示した。

　なお、この画面は画像採取の関係上、すべてパソコン上のウェブブラウザで表示したものである（パソコン、携帯電話ともに文章編集において使用できる機能に関しては同等の仕様となっている）。

図1 「魔法のiらんど」(http://ip.tosp.co.jp/) トップページ

ケータイ小説の投稿・公開を行うコンテンツ「魔法の図書館」を閲覧するには、ページ中程にあるリンクを使う。

図2 「魔法のiらんど」小説コンテンツトップページ

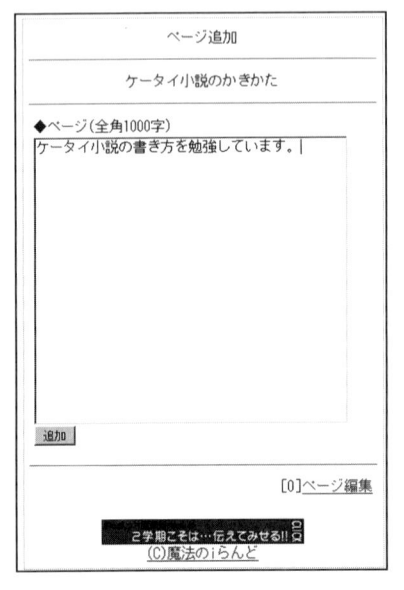

「魔法のiらんど」BOOK機能による小説編集画面。

画面中程にあるフォームの中にテキストを書き込み、[追加]のボタンを押す事で執筆したページを追加していく仕組み。1アカウントあたり最大10冊、1冊あたり500ページのBOOKが作成・公開できる。

「恋空」の概要と構成

　では、同サイトから書籍化、マンガ化、映画化と多メディア展開され、ケータイ小説の代表的作品として話題となった美嘉の『恋空』(2006年発表、書籍版はスターツ出版)から、ケータイ小説の"特徴"とされるものについて見ていこう。

　なお、第2節末(126頁)で引用している画像は「魔法のｉらんど」内における「美嘉のホームページ」に掲載されている『恋空』の各ページをパソコン上のウェブブラウザで表示したものである。本文およびページ数の引用出典についても同様だが、一部書籍版(2006年、スターツ出版)からの引用については、その点を注記した。

　同作は作者でもある「美嘉」のノンフィクション自伝という体裁[11]を取っている。

　物語は美嘉が16歳、高校生の時点から始まる。友人の紹介を通じて知り合った同じ学校の男子生徒・ヒロとつきあうようになった美嘉は、ヒロの元恋人・咲による嫌がらせ(彼女の指示による集団レイプに遭うという深刻な事態も生じる)や友人とのトラブルにもくじけることなくヒロとの交際を続ける。途中、美嘉の妊娠・流産といったトラブルも発生するが、二人は互いを愛し抜くと誓い、励まし合う。だが流産騒動の直後にヒロの態度が一変、美嘉に対して辛くあたるようになったため二人は別れてしまう。

　その後美嘉は新しい恋人との出会いや大学進学を経て数年を過ごすが、ある日彼女はヒロが癌に冒され余命幾ばくもないことを知る。実は数年前の突然の別れも、美嘉を悲しませないためにヒロがとった芝居だった。真相を知った美嘉は新しい恋人とも別れ再びヒロの元に戻り、献身的な看病を続けるが、その甲斐無くヒロは亡くなってしまう。そして美嘉はヒロの死後、彼の家族から一冊のノートを手渡される。そのノートには闘病生活の苦悩とともに美嘉への感謝や愛情が綴られていた。それを読んだ美嘉は、ヒロとの思い出を振り返りながら、「とてもとても幸せ」だったと自身の経験を総括する。

作者の美嘉は前述した魔法のiらんど内の「BOOK機能」を利用して2005年から本作の発表を開始、翌2006年10月にはスターツ出版から上下巻組で書籍化された。また、2007年には映画化、マンガ化と相次いで他メディアへ展開されている[12]。こうした他メディア展開の多さから、いわゆるケータイ小説の中でも抜群の知名度を持つ作品であると言えよう。

　本作の表現上の特徴として挙げられるのが、改行を多用し、かつ短い会話調の文章を連ねることで物語を進行させ、情景や人物の外見描写、いわゆる一般的な小説における「地の文」にあたる情報がほとんど書かれていないこと、その代わりに「♪」や「！！」などの記号の多用によって短い文章やセリフのニュアンスを補完する手法を用いていること、同様に「♪ピロリンピロリン♪」「ガチャ、プープープー」等、「擬音をそのまま書く音響表現」などが挙げられる。

　例えば、以下のようなものだ。

―12月23日

　明日から冬休みだしクリスマス近いしでテンションは最高潮♪

　終業式で先生とケンカになり職員室に呼び出されたヒロを一人教室で待っていた。

　その時…
　♪プルルルル♪
　電話だ。
　しかも非通知。

　『もしも～し』
　『もしも～し、俺。』

俺？
ヒロかなぁ。

　　（中略）

『先生に電話取られた。今終わったから体育館の裏で待ってるから』

ガチャ
プープープー

一方的に
切られた。

(『恋空』p.88。文中の改行については、煩雑になるため引用にあたり2行空き→1行空きに、1行空き→空き無し改行に改めた。改行位置や半角カタカナ、記号による表記等は原文のママとした。また、ページ数はウェブサイト「魔法のｉらんど」内での表示に基づく。以下も同様である)

「彼女ここの学校？？」

美嘉の問いにヤマトは親指をたてウィンクしながら答えた。

「違う学校だぜぇ↑」

語尾を上げ
話し方もギャル男を意識している様子。

「受験する気あんの？」

「バリバリぃ↑」

イズミの厳しい口調もヤマトには効かない。

(上巻　p.377)

　このような改行や記号の多用は『恋空』のみの特徴ではなく、ケータイ小説で一般的に見られる傾向だ。同じく魔法のiらんどのコミュニティ上で発表され、2007年に書籍化された『赤い糸』（メイ、ゴマブックス）でも文章パターンに同様の傾向が見られる（ただし改行は『恋空』よりも少ない）。

　気がつけば階段は行き止まりになっていた。
　目の前には、重そうな扉。
　2階から屋上の前まで来ちゃったんだ。
　アタシ、何やってんだろ……。
　息を切らしながら、アタシは扉の前に座り込んだ。
　♪〜♪〜♪〜
　スカートのポケットに入っている携帯が鳴っている。
　こんなときなのに、明るく元気な女性ボーカルの歌声。
　携帯を取り出し、ディスプレイを見ると優梨の名前。
　〜♪〜♪……
　切れちゃった。
　♪〜♪〜♪〜
　今度はディスプレイにナツくんの名前。
　〜♪〜♪……
　次はきっと──
　♪〜♪〜♪〜
　アッくんの名前が表示されている。
　「みんな……」

みんな、心配してくれてる。
こんなとき、一番友達の大切さがわかるね……。
泣き顔に、少しずつ笑顔が戻っていった。

(『赤い糸』p.28)

　また、『恋空』では基本的に主人公「美嘉」の一人称によって文章が綴られるものの、時に以下のような表現がなされることがあり、「誰の視点で書かれているのか」が一見してわかりにくいものになっている。

その時教室のドアがガラガラと音をたてて開き、
それと同時にポケットに手を入れた一人の男が三人のもとへと近づいて来た。

(上巻　p.3)

きっとこの時から、
美嘉の人生は…
変わってしまったのだろう。

美嘉が過ごすはずだった平凡な人生は、
幕を閉じた。

(上巻　p.27)

　これらは「美嘉」を主語とする一人称、つまり情景を描写する独白であるとの解釈もできないことはないが、突然「美嘉が過ごすはずだった平凡な人生は、幕を閉じた」といった他の口語調の文体と比較して硬質な文体が入り交じり、視点の混在や人称の混乱が見られる（書籍版ではいくつかが修正されているため、そのすべてが作者の意図した表現では無いと考えられる）。
　こうした口語とも文語ともつかない、また作者自身の体験を交えて描いた

ものなのか（多くのケータイ小説は、前述の通り「実話」であることを謳っているが）、それとも全くのフィクションなのかも定かでない物語。そこに「いかにも今日的」な大量のガジェットや登場人物の台詞が並ぶ。

こうしたケータイ小説のあり方は、従来の「小説」と対比した場合どのような特徴を持ち、そしてどのようなまなざしを向けられているのか。以下、その点について考察していこう。

図3　『恋空』作品画面

```
❀プロローグ❀

もしもあの日君に出会っていなければ

こんなに苦しくて

こんなに悲しくて

こんなに切なくて

こんなに涙が溢れるような想いはしなかったと思う。


けれど君に出会っていなければ

こんなに嬉しくて

こんなに優しくて

こんなに愛しくて

こんなに温かくて

こんなに幸せ気持ちを知ることもできなかったよ…。


涙こらえて私は今日も空を見上げる。


空を見上げる。
　　　　　〈1〉
```

```
第九章❀仲間❀

学校祭が近い。

美嘉のクラスはホームルームで話し合いの結果、ステージでバンド演奏をすることになった。

じゃんけんで負けた美嘉は、
あまり経験のないベースをやるはめに…。

もともと人前に出るのが苦手だったせいもあって学校祭が近づくたび気持ちが重くなっていく。


そんな時、
元気をくれたのがミヒﾞ’だ

ミヒﾞ’は学校祭のステージでボーカル担当の同じクラスの女の子。

美嘉のようにじゃんけんで負けたのではなく、
自らボーカルを立候補。

ミヒﾞ’はギャル系ではなくメイクも全くと言っていいほどしていない。

ぽっちゃりした体型に
雪のように白い肌。
```

いずれもパソコン上のウェブブラウザによる表示。左側画面の冒頭プロローグに見られるように、本作は一人称視点の物語であるが、右側画面（200ページ）では「美嘉のクラスはホームルームで話し合いの結果」、「美嘉のようにじゃんけんで負けたのではなく」と三人称視点が持ち込まれている。

第3節　ケータイ小説への評価とまなざし

作中表現の粗密について

　前章で挙げたような表現手法とともに、本作『恋空』に対する評価、あるいは「とまどい」として多く見られるのが、後述の引用箇所に見られるような文章表現の稚拙さやストーリー展開の強引さ、描写リアリティの欠如に関するものだ。そしてそれはほぼケータイ小説一般に対する評価とも重なっている。ある意味で『恋空』は多くの読者を獲得し市場的成功を収めたと同時に、そのケータイ小説的（と我々が捉える）要素をあまりにも内部に抱え込んでいたが故に、今日ケータイ小説の代表、そのイメージの体現的作品として矢面に立たされた存在（実は本章での引用も、紛れもなくその一環であるわけだが）であると言えよう。

　『文學界』2008年新年号に掲載された特集・『ケータイ小説は「作家」を殺すか』[13]では、自身も「日本ケータイ小説大賞」で選考委員を務めた作家・中村航がケータイ小説一般への言及として、以下のように述べている。

　鈴木　ケータイ小説は文章が稚拙だと言われますが、それに関して何か
　中村　まあその通りなことも多いですね。イラっときたりすることもあるし、何でこんな表現使うんだとも思います。書き方をあまり考えず、なんとなく書いてそうなってるんだと思う。例えば病院で誰かが死ぬシーンだと、医者が来て「ご臨終です」と言って手を合わせるだけだとかね（以下略）

(同号　p.191)

ここで中村が「書き方をあまり考えず、なんとなく書いてそうなってるんだと思う」と指摘している点、すなわちケータイ小説におけるさまざまな「稚拙さ」の要素は、本作においても見られる。
　特にストーリーに対しては、主人公・「美嘉」と恋人・ヒロの恋愛を軸として、レイプや流産、両親の離婚騒動や友人の裏切り、恋人の不治の病といったわかりやすい悲劇が過剰なほどに繰り返される展開となっている。しかもそうした悲劇はたいていの場合（最終段階における恋人の死に、前半部分で伏線が張られていることを除けば）、ごく短い主人公の心理的葛藤、あるいは他の人物との数ページ程度のやりとりによって「解消」されてしまい、物語全体の構造としては相当に行き当たりばったり、あるいは「見せ場をつないでいるだけ」という印象を受ける。とりわけ、それぞれの悲劇の描写や構造がきわめて淡泊で具体性を欠くことも、そうした印象を強める一因となっているようだ。
　例えば、主人公の両親が離婚の危機に陥るくだりにおいて、美嘉が目撃した両親の「ケンカ」は次のように描写される。

しかし…
それから喧嘩は
毎日毎日続いた。

居間に響き渡る悲鳴のようでもある怒鳴り声。

皿やイスなどを
床に投げつける音。

しかめっつらで家から出て行くお父さん。

うずくまって涙を流す

お母さん。
（上巻　p.452）

　こうした、「いかにもケンカをしている」という記号的表現によって描写された、ディテールを欠く両親のケンカは、その原因も同じく詳細に描かれることがない。

「お父さん会社やめるかもしれないの。だからこの家のお金払えなくなっちゃうのよ。」

お父さんは何回か
仕事を変えている。

でも美嘉にとってそれが悪いことだとは少しも思わない。

自分がやりたい仕事を探すのに年齢は関係ないと思うし、人間関係がうまく行かなくて嫌になるのは
仕方のないこと。
（上巻　p.455）

　「お父さん会社やめるかもしれないの」と母親は説明するが、この前後、そして本作全編を通じて美嘉の父親の仕事に関する描写、また家庭が危機に陥ることを承知でなお退職（転職）という行動をとる父親のパーソナリティに対する言及、描写はない（なお、書籍版では自主的な退職ではなく、「お父さんの働いている会社が危ない」という理由に変更されている）。
　結局、この離婚騒動は美嘉の恋人（ヒロと別れた後につき合うこととなった大学生・優）の機転——両親に家族写真を見せて家族の絆を再確認させる、という手段——で収束し、家を手放すことにはなったものの、両親は離

婚せずにすむ、という展開が描かれる。
　以降このエピソードが物語に関与することは無く、あくまで「両親の離婚」「経済的危機」という"身近な悲劇"を記号的に演出する役割に留まっている。あえて「つじつま」にこだわった読みをするならば、この騒動の直前に美嘉が私立大学に合格しそのまま入学していること、またその後に家族と離れて一人暮らしを始めるという展開からも、作者が「主人公の家庭の経済的危機」という展開・設定を（物語の本筋と絡めて）それほど深く書き込むつもりがないことを窺わせる。
　こうした社会的事象に対する淡泊な描写とは裏腹に、携帯電話やPHS、メイクといった主人公（とその年代の読者）にとって身近なガジェットの情報は（表現が記号的であることは変わらないが）詳細に書き込まれる。

　当時はまだ
　"携帯電話"を持ってる人が少なく
　ほとんどの人が
　"PHS"を使っていた。

　"PHS"には
　PメールとPメールDXという機能がある

　Pメールとはカタカナを15字前後送ることが出来る機能で、PメールDXとは今の携帯電話のように長いメールを送ることが出来る機能だ。

　重要な内容ではない限りPメールDXは使わない。

　ほとんどはPメールを使用していた。
　　　　　　　　　　　　　　　　　　　　　（上巻　p.7）

見返したい！！

いつしかそう思うようになりダイエットを始めて５kg減。

ギャルメイクを卒業し、アヤからお姉系のメイクを教わり実践してみる。

セミロングでストレートだった髪も、
美容室へ行きエクステを付け巻いてもらった。

今までつけたことのなかったヘーゼル色のカラーコンタクトを付け、
ネイルにも力を入れる
（上巻　p.191。改行は原文のままとした）

前ページのようなPHS機能の解説や、「ダイエットを始めて５kg減」「ギャルメイク」「お姉系のメイク」「ヘーゼル色のカラーコンタクト」等、メイクの施し具合や自身の身体に関しては、記号的ではあるが詳細な羅列が並んでいる。また物語中においても浜崎あゆみや１９といった歌手や曲名、歌詞を詳細に挙げる箇所と、前述したように（そのことが原因となって家庭が崩壊しつつあるにも拘わらず）父親の職業やパーソナリティについては触れず、また物語のクライマックスとなる恋人の死に際しても、

ヒロが突然逝ってしまった理由を
詳しくは知らない。

知っても、
ヒロが戻って来るわけじゃないから。
（下巻　p.282）

と述べる淡泊さ（あるいは具体性の乏しさ、といっても良いかもしれない）は、前半で両親が離婚しようとした際に見せた、

大好きな人が離れて行くのはしょうがないって諦め

大好きな人が決めたことだからって受け止めなければならない。

それが
"大人"なのですか？

もしそれが
"本当の大人"なら
美嘉は大人になんかなりたくはないです…。

(上巻　p.459)

等の表現に見えるような感傷的な心理描写の多さと比較して非常に奇異な印象を受ける。
　こうした粗密の差が激しいアンバランスな文章、そして「悲劇のパッチワーク」とも言うべき物語の断片的で不安定な構造は、多くの場合本作の作者である美嘉（≒物語の主人公・美嘉）が小説家としてそれまで活動実績の無い"素人"であったことによる表現力や語彙の乏しさに起因する、すなわち作家本人の個人的資質によるものとされる事が多い。
　確かに本作の欠点として批判されることの多い文章技術のつたなさ、あるいは前掲の文字記号や擬音に頼った描写に加え

こうして美嘉はまた新たなる一歩を
進み始めた。

(傍点は櫻庭による。上巻　p.451)

といった表現上や文法上のミスと思われるものがあちこちに見られることも、小説としての同作の評価を低いものにしてしまっている面は否定しえないだろう。

しかしここまで挙げてきたケータイ小説の特色は、本作、そして作者・美嘉の作品だけに限定されるものではない。『赤い糸』をはじめ類例を見れば判るように、またケータイ小説を巡る批評、評論が一致してその傾向を挙げるように、「ケータイ小説をケータイ小説たらしめているもの」が（単に書籍化されるときにケータイ小説というパッケージングを施される、というだけでなく）存在するはずだ。

そしてそれは現在のケータイ小説が、ホームページによるコミュニティ内で生まれているという点、また書籍化を筆頭とした他メディアと密接に関連して生み出されている、という点が大きく影響しているのではないだろうか。次節では、描写面と他メディアとの関係から、ケータイ小説の持つ特性とそれゆえの「限界」について論じてみよう。

第4節　ケータイ小説の傾向とその「限界」

"稚拙さ"の背景にあるもの

『恋空』は「主人公の恋愛」を縦軸に、その過程や友人・家族間で起きるトラブルや悲劇が数珠繋ぎとなった構造を持つ。その数珠繋ぎ、あるいはパッチワークされたトラブルは極めて類型的で描写や構造上の変化・特徴に乏しく、あえて言うなら「わかりやすい悲劇」の繰り返しだ。この点は唯一物語を通じての伏線が張られた「恋人の死」という悲劇に於いても同様である。その反面で、主人公の感情や独白はステロタイプな表現ではあるものの、饒舌な描写が行われる。

恋っていいなぁ。
美嘉もヒロと付き合ってた時
こんなに幸せな顔してたのかな。

大好きな友達が幸せに笑ってくれるのはこんなに嬉しいことなのに、
ミヤビがヒロと付き合った時はどうして…。

美嘉に隠して付き合ってたミヤビを許せない？

そうじゃない。

まだ心のどこかで忘れられずにいるからかな…。

(上巻　p.227)

　ここから読み取れるのは、この作品で描かれているのはステロタイプな悲劇と、他の描写とはアンバランスなほど詳細に描かれた記号（＝同年代間における共感・共通認識を基盤とした）へのリンク、そして主人公の感情描写によって成立する世界であり、独自の物語構築や表現を行なう機能を持たされていない（あるいは最初から望まれていない）ということだ。
　そこから恋愛やその破綻、両親の離婚、不治の病といった「誰にでもわかる」悲劇を媒介として、読者との融和的な関係、すなわち「ウケる」物語を作ろうとするスタンスが窺える。重要なのは感情表現や物事に対する独創的な視点、文章表現の工夫ではなく——それは読者の"共感"を妨げる要因に成り得るから——、むしろ「○○を読んで泣いた」「○○を見て感動した」というような一般論レベルでのシンパシーとそれに応えるためのエピソードを詰め込むこととなる。
　つまり「いかに物語を通じて読者（＝コミュニティの他のユーザー）と「感動」という感情の記号を交換できるか、言い換えれば「いかに受けるか」が

問題とされ、小説的な文章表現の完成度や整合性、また「描写のアンバランスさ」や物語構造の巧拙はほとんど問題にされないのである。ケータイ小説コミュニティのユーザー（ケータイ小説の読者）にとってそうした「文学性の問題」が自分たちの住む世界の外にある以上、コミュニティにおける「ウケ」が徹底的に意識されたケータイ小説で、それが問題になるはずがない。

　言うなればケータイ小説とはコミュニティのユーザー（ケータイ小説の読者）である彼女（彼ら）たちが知り理解できる範囲で繰り広げられるごくごく狭い世界の中の物語だ。

"ケータイ小説"に求められるもの

　その意味で、ケータイ小説とは「小説」と呼称されているものの、実態はこれまでの概念でいう"小説"とはかなり異質なものと言わなければならない。あえて他の言葉で表現するなら、「誰かに読んで欲しい、共感して欲しいという思い入れの詰まった長大な電子メール（あるいは日記、電子掲示板の）文章」とでも言えば良いだろうか。

　先に挙げたケータイ小説に対する批評の多くが批判的かつ「とまどい」に近い様相を見せているのは、おそらく前述のような作者と受け手の関係性やケータイ小説をあくまで既存の"小説批評"の文脈で解釈するために起きるすれ違いのように思える。

　『恋空』は「魔法のｉらんど」コミュニティを通じてインターネット上に公開されてはいるが、それは「作品を出版する」「世間に公開する」という行為とは根本的に異なる、「読者と気持ちよくコミュニケーションが取れるかどうか」を目的とした閉ざされた内向的な関係だ（徹底したアマチュアリズム、とも言えるかもしれない）。

　前掲の喩えを用いるなら、小説というよりも電子メールや掲示板、チャットでのやりとりに近いものであり、当然そこに求められるメディアとしての機能は異なってくる。それに対して小説としての質云々を言うことはおそらく意味を持たない。またそうした性質上、ケータイ小説がいわゆる「小説と

しての完成度」を急激に高めていくことは（よほどのそうした実力をもった書き手が現れ、それに刺激され追随するものが出てこない限り）考えにくいし、そうした変化が読者に求められることもおそらくはないだろう。

今後も「ケータイ小説」は無数に創作されていくであろうが、特にコミュニティ発の作品の分析・批評にあたっては、その作品が創られた「場＝コミュニティ」の中でどのように機能したか、言い換えればどのような読者との関係の中でそれが作成されたのか、そしてどのような人々に読まれている（いた）のかについての検討が必要となってくる。

発展の可能性はあるのか

裏返して言えば、ケータイ小説というジャンルは、その物語や表現、題材の面であまりにも強く記号性、そしてコミュニティ内での「ウケる快楽」に寄り添ってしまったが故に、表現手段としての強靱さを失ってしまい迷走しているジャンル、と言えるかもしれない。

石原千秋は著書『ケータイ小説は文学か』（ちくまプリマー新書、2008年）において、ケータイ小説を「「自分だけの体験」を掛け金にして、性に関する「真実の言説」を語った」ジャンルであると評した。そして「しかし、あまりにも性に関する言説に特化しすぎたために、「真実の言説」が空洞化し」、「それこそ「お約束」になってしまったのである。急ぎすぎたのだ。それが、ケータイ小説の評価と直結していると言える」とその内容、そしてケータイ小説に対する批評を総括した。その上で石原はケータイ小説をポスト・モダンの構図の中へ置き、「ケータイ小説はその稚拙さも含めて、新しい」[14]と肯定的な視点を用意している。また先に挙げた『國文学』の「ケータイ世界」特集において、七沢潔[15]は、「四十年前、イギリスの港町で楽譜も読めない若者たちが出始めのエレキギターでコードを頼りに作曲し、自ら演奏をはじめた。大人たちは「俗悪」「これは音楽ではない」と眉を顰めたが、その音楽は瞬く間に世界を魅了し、それまでと全く違う新しいスタイルの音楽を花開かせた。ケータイ小説の行き先に、そんな未来を夢見

るのはロマンチストに過ぎるだろうか」(p.21) と期待を寄せる。しかしそうした期待とは裏腹に、現在のケータイ小説、それを生み出すコミュニティは「新しいスタイル」へ向かうのではなく、むしろ記号化された表現と「受ける快楽」に必死に寄り添い、その一方でアマチュアリズム的な韜晦の中にその表現を閉じ込めすぎてはいないだろうか。七沢が言う「イギリスの港町の若者たち」——おそらくリバプールにおけるビートルズになぞらえているのだろう——とは、メディア側（もともとビートルズは音楽、ケータイ小説は出版というジャンルの相違はあるが）との関わり方があまりにも異なりすぎるのだ。

　ケータイ小説コミュニティの中から作品を発掘していくメディア側に、どれだけ「受ける快楽」に浸る内向的アマチュアリズムの中から作品や才能を引っ張り上げようとする（単に出版、映像化、漫画化といったメディア露出を図るだけではない）、すなわち将来的に"ひとつのジャンル"を育てようとする覚悟があるのか、現状ではまだまだ見通しがつかないと言わざるを得ない。

　七沢の指摘する稚拙さ、そして新しさが本章で述べてきたケータイ小説コミュニティの内向性、そして出版をはじめ他のメディアの"都合"に過剰に寄り添うが故の「か弱さ」に由来するものであるなら、ケータイ小説はその批評と同様、ジャンルとしての迷走をより深くしていくことだろう。そしてそれはケータイ小説の作家のみの問題ではなく、送り手である出版社の、また受け手である読者全体の"迷走"と深くつながっているはずだ。

注

1）　携帯事業者最大手のNTTドコモが1999年から提供を開始した、携帯電話を使ってインターネット閲覧や電子メールのやりとりを行える機能サービス。iモードの登場により国内での携帯電話ビジネスが一挙に拡大した。

2）　携帯電話は電話通話、電子メールのやり取り、簡易なウェブ閲覧等、もともと必要とされる機能が限定されている。しかし2005年以降はパソコンに近いインターネット閲覧機能やデジタルカメラ機能、音楽・動画再生、テレビやラジオの受信機能を備えた高機能で複雑な操作を必要とするものが増えた。とはいえ、汎用的に作られたパソコン向けオペレーティングシステムよりも用途が限定されている分整理されたインターフェイスが用意されており、より身近なデジタル機器として利用されている

3）　従来はパケット通信による従量制（電子メールやウェブサイトのデータ量に応じて料金が加算されるシステム）が中心であり、必然的に長大な文章を読む、動画像を閲覧するといったデータ量の多いサービスは利用しづらい状況であったが、2005年以降携帯キャリア各社が定額制（あるいはそれに準じた料金体系）を導入することで、携帯電話でのウェブサイト閲覧がしやすい環境が整ってきた。

4）　著者はYoshi。書籍版は本文でも触れた通り第1作『Deep Love　アユの物語』が2002年12月にスターツ出版より刊行。

5）　同社はケータイ小説作品およびその作家を対象とした文学賞「日本ケータイ小説大賞」を設置している。

6）　パズルゲーム『ぷよぷよ』等を手がけたゲームデザイナー。立命館大学映像学部教授。

7）　この分類は本多透『なぜケータイ小説は売れるのか』（2008年、ソフトバンク新書）から導入している

8）　アスキーアートやFlashムービー、「ネタ」等で高い技能を持つユーザーが集まるスレッド。そうしたユーザーを2ちゃんねるでは「職人」と呼ぶことから。

9）　http://maho-bunko.jp/

10）　ページ背景や文字色、リンク設定機能については、「魔法のｉらんど」独自ではなく他のホームページ作成サービス、ブログサービス等でも提供している。

11) 作者「美嘉」は、同作の表紙（通常サイトのトップページにあたる）で「実話をもとに作成しています。読んで何かを感じてくれたら嬉しいです」(http://ip.tosp.co.jp/BK/TosBK 100.asp?I=hidamari_book&BookId=1) と述べている。こうした「実際にあったこと」と作品世界の接続を計る（その真偽はともかく）手法は、ケータイ小説全般に広く見られる。
12) 2008年にはテレビドラマ化（同年8月2日から9月13日まで放送）された。
13) 中村航、鈴木謙介（社会学者）、「ケータイ小説」を送り出す側として魔法のｉらんど株式会社代表の草野亜紀夫の鼎談として行われた。
14) 同書 p.123
15) NHK放送文化研究所・主任研究員。

第 5 章

現代のインターネット変容とその本質

第1節　各コミュニティの展望

"Web 2.0"とは何であったのか

　1章で取り上げた Web 2.0、すなわち2000年以降のインターネット展開の方向性が示すように、今日のインターネットは「検索」と「情報の再利用」を主軸とする大規模なデータベースとしての役割を日々強くしている。そこには通信環境の高速化、ウェブブラウザを筆頭とするソフトウェア技術の進展といった環境面の整備が大きく関わっているが、無論データベースの器の中に蓄積される"情報"そのものが自動的に生まれているわけではない。冒頭で引用した『スタートレック』の台詞になぞらえるならば、「インターネットは優秀な道具ではあるが、それ自体が自律的にコンテンツの担い手になることはない」のだ。インターネットの技術進歩は、確かに我々に新たな情報の作成方法と利用法を可能にした。前者は Web 2.0の諸技術の中に示された情報を、常に汎用性が高く、簡易な利用形式で蓄えておくこと、後者はそれを「検索」によって自らが利用しやすい形態へと再構成するということである。その最も端的な例が3章で取り上げた Wikipedia の発展が示す、知識データベースとして構築されたサイトの有用性だ。

　しかし、それらはあくまでインターネットが提供するサービス（機能）のあり方の一つを示したに過ぎない。これまで述べた通り、そうした情報を作り上げ蓄積していく主体はあくまでそのユーザー、つまり「人」である。これは「機械と人間」を対比した感傷論ではなく、2章で述べたインターネットコミュニティの活動とその成果が示す「インターネットの実状」なのだと言える。

　一例を挙げれば、『電車男』の存在とそれが出版という形をとって社会に

広く流通したケースは、インターネットにおける2ちゃんねるという場とそのユーザーコミュニティ、そしてそれをプロデュースする出版社（既存メディア）の存在が不可欠なものであった。

ケータイ小説のあり方

　コミュニティと既存メディアとが密接に関連している、という点では、4章で取り上げた"ケータイ小説"も同様の構造を持っている。だがよりパーソナルなメディアであり、かつ「実話的であること」が重視される同ジャンルでは、作品内容、読者需要、そして商品としてのあり方すべてにおいて、非常に「内向的」であろうとしている点が特徴だ。

　「共感」「感動」をファクターとした、「ユーザー同士が互いに肯定的になる関係」はその中にあふれかえるが、例えば「魔法のiらんど」の中には、良い意味でも悪い意味でも2ちゃんねるのスレッドや『ニコニコ動画』のコミュニティに見られる"殺伐感"は無い。2ちゃんねるのユーザーたちが「2ちゃん用語」を媒介としてコミュニケーションを取る代わりに、ケータイ小説のコミュニティではさまざまなアイテムで記号化された「愛」や「性」、そして「感動」をやりとりしているのではないだろうか。

　結果的に、ケータイ小説はインターネット上で発表された作品群とその商品化（既存媒体への作品供給）という点では一定以上の成功を収めているものの、そのジャンル的傾向、すなわち強みとしている「感動」を媒介とした内向的作品世界やコミュニティのあり方を打ち出し続けていく限り、文学ジャンルとしてこれ以上の表現的、メディア的な広がりを見いだしていくことは難しいだろう。4章でも述べたように、そうした"批判"が求められていない（あるいは意味を持たないと見なされている）ジャンルであることも確かであって、その内向性こそがケータイ小説の特徴と読者への訴求力となり、あるいは石原が指摘する「ジャンルとしての強度」へとつながっているのかもしれない。たしかに書き手と読み手、双方がこれだけ近い距離感によって繋がれた創作活動の現場は現代において希有なものであり、ふんだん

に盛り込まれたポップス的要素に加え、同世代的な口語表現で満たされた描写や、「実話」というみなしを許容し楽しんでしまう通俗性の徹底は、ケータイ小説に"旬"のメディア特有の力強さを与えていると言えよう。

　しかし、ケータイ小説のコミュニティ、そしてそれをとりまく環境は、2ちゃんねるのように既存メディア側にコンテンツを供給しつつ、それとは別個に存続し続けるだけの「タフさ」をまだ獲得し得ていない。現代社会の様々な記号性に依存した表現であるが故に、映像や音楽、雑誌等の既存媒体による記号性の補完を必要とし、かつ「感動」「共感」の内向的作品世界の中に没入するが故にありふれた社会性や情緒の描写や物語の展開からも離脱しきれていない。

　ケータイ小説の出版物としての成功と急激なメディア露出(書籍化、漫画化、テレビドラマ化、映画化……)は、売れる"コンテンツの供給所"としての「ケータイ小説コミュニティ」の側面を出版業界の内外に強く印象付けた。そしてケータイ小説の内容や表現に対して向けられた賛否相半ばする意見や批評も、ケータイ小説(とその読者)のイメージやあり方を固定化させる役割を果たしてしまう結果となっている。

　ケータイ小説の「ジャンル的強さ」とされるものとは、つまるところ表現手段、文学メディアとしての脆弱性と表裏一体なのだと言える。この脆弱性、すなわちコミュニティとしての自立性が弱い、という点は、将来的なケータイ小説ジャンルの衰退(作品としての多様性の欠如、人材の欠乏、表現方法や対象の行き詰まり)に直結していくものと思われる。早期から書籍化を含めた他メディアとの結びつきによって、また『恋空』をはじめとした先行作のインパクトによって「実話」や「感動」、あるいは中高生(特に女性)のための物語、という形式(フォーマット)を外側から作り上げられてしまったことが、現在のケータイ小説全体を取り巻く状況、そして実際にそこでつくられる作品世界をも著しく限定してしまってはいないだろうか。

　「実話」や「感動」、そして「新しさ」の記号から独立し自立した世界を構築しうる作品、あるいは才能の登場こそが、今後のケータイ小説に求められ

る課題となるだろう。その際に重要になるのは、伴走する外部のメディア（出版社を含めた）がどのようにその作品や才能を育てていくかという環境的要因である。数年後、十数年後のケータイ小説が外の世界とどのように寄り添い、あるいは自らの足で自立しようとするか、興味深い問題であると言えるだろう。

他のコミュニティの展望

また、他のコミュニティもその変容や発展とともに、インターネット内での役割をより明確にしつつある。

2ちゃんねるは一時期ほどではないとは言え、その内部に蓄えた独特の用語やルールも含めたコンテンツは他のインターネットコミュニティを圧倒している。仕組みの上では既述の通りあまりにも巨大でコミュニティとしての見通しが悪いという"弱点"を抱えているものの、各板、各スレッドごとに集約が必要な情報に対しては「まとめサイト」をつくるノウハウが完成されていること、また『電車男』を筆頭に他メディアとの連携や関わり（「ギコ猫騒動」やアスキーアートキャラクターの使用をめぐる企業とのトラブルも含めて）が豊富であるという点では他のネットコミュニティの追随を許さない。今後は各掲示板（板）ごと、各スレッドごとの住人や文化の細分化がさらに進むものと思われるが、それとともに2ちゃんねるのアスキーアートやスレッドごとの「ネタ」等のコンテンツは、2ちゃんねるという掲示板サイトだけではなくより多くの場、すなわち他の掲示板やインターネットコミュニティへと拡散し、2ちゃんねるサイト固有のものではない、日本のインターネット全体を覆う文化あるいは特徴としての意味合いを強くしていくものと思われる。Wikiやブログを使って構築された2ちゃんねるスレッドの「まとめサイト」は、2ちゃんねるコンテンツを集約して蓄積するとともに、検索結果に反映されやすくなる等他のユーザーが利用しやすい情報としてインターネット上に再構築する役割を持つ。これらの「まとめサイト」は、当初は通常のホームページ作成サービスを利用して構築されていた[1]

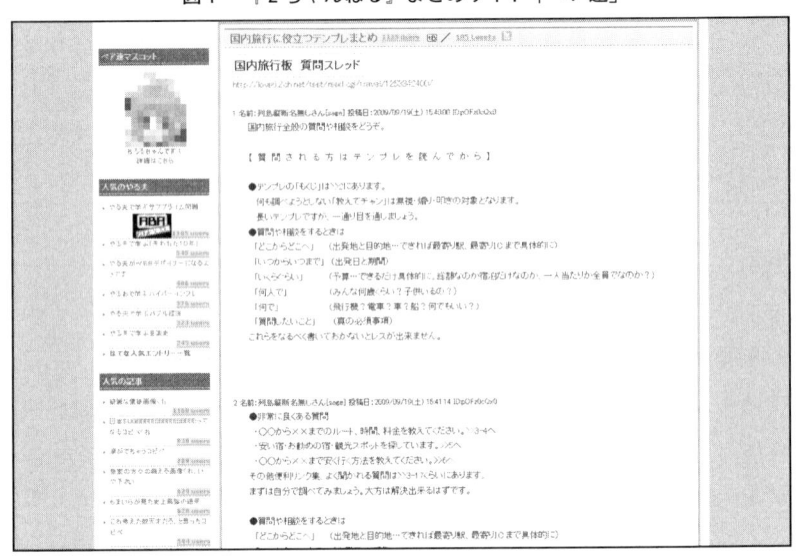

図1 『2ちゃんねる』まとめサイト「ベア速」

ブログサイトを利用して構築されている。(http://vipvipblogblog.blog119.fc2.com/blog-entry-285.html)。

が、徐々に構築が容易で多人数によるサイト編集や管理に向いたWiki、ブログが利用される傾向にある（図1）。

　今後の2ちゃんねるではコミュニティの細分化、そして上記のユーザー間の自主的なコンテンツ集約によるゆるやかな2ちゃんねるコンテンツの受容空間化、つまり2ちゃんねるで使用されている用語やアスキーアート、「ネタ」を楽しむ空間の形成という2つの局面が進行していくものと思われる。それは同時に2ちゃんねるが日本のインターネットコミュニティとして、またその文化的下地として定着することを示している。今後は「かつて2ちゃんねる発祥であった文化」のほとんどが、インターネットユーザーによってそうであるとは意識されずに使われていくようになるだろうが、それはインターネット黎明期のアンダーグラウンド文化の後裔であり、また日本でインターネットが普及していく過程で空前の規模を獲得し、主にサブカルチャー領域に強い影響力を持つこととなったコミュニティが作り出したカルチャー

の定着、そして一つの達成点を示すものといえるだろう。

　反面で、今後はあまりにも広大になった本体（2ちゃんねる掲示板サイト本体）はその規模を縮小させていき、文化的、政治的によりニッチな嗜好や意見を持つユーザーを囲い込んだ中小規模の掲示板コミュニティへ変容（つまり、発足当初の2ちゃんねるの姿に回帰）していく可能性が高い。そこでは往時ほどの社会的影響力は持たないものの、依然インターネットにおける有力なジャーゴン、アスキーアート等のトレンドを生み出す空間として機能するものと思われる。例えば『ニコニコ動画』のユーザー文化に2ちゃんねるのそれが大きく影響しているように、サイトや運営者こそ違えど将来的には「ポスト2ちゃんねる」的役割を担うサイト、インターネットのコアユーザーを中心としたコミュニティが活躍する空間が出現する可能性は大いにある。いずれにせよ、2ちゃんねるが外に向かってはインターネット全体への分散、内に対してはスレッドごとの細分化という、コミュニティ規模再編の時期に来ていることは間違いないものと思われる。

　その意味で、後発のSNSサイトの発展は、2ちゃんねるの細分化に端的に表される、インターネット・コミュニティのリサイズ（規模調整）需要の一端と見ることができよう。2ちゃんねるに見られるように、急速に拡大し内部の見通しが悪くなりかけていたインターネットの中で、SNSのような「インターネット外の社会＝いわゆる"現実社会"と呼ばれるもの[2]」を手がかりとしたコミュニティが形成されるのは当然の成り行きであった。また一方で、"実社会"の関係を、自分を軸としながらインターネットサイト上で可視化できること、さらにそこから新たな関係を広げることができる（関係を"閉じる"ことも無論可能ではあるが）ことも、SNSサイトが広く受け入れられた要因であろう。実社会での関係をある程度反映した活動傾向は、かつてのパソコン通信コミュニティに類似した面が見られる。コミュニケーション空間としては見通しの良さ、把握しやすさを持っているため活況が続くだろうが、その中からコンテンツを生み出していくにはやはりそれなりの規模を必要とするであろう。そうしたコミュニティ個々の規模（小規模

に切り分けられていくこと)の問題は、今後 SNS サイト内から外部の情報(動画共有サイト、ニュースサイト、Wikipedia 等)とのリンク、相互参照をより密にしていく方向で解決していくと見られる。mixi ではユーザーの興味関心に応じて、同 SNS サイトコミュニティの基本形である「マイミク」とは別に「コミュニティ」と呼称するユーザー同士の集まり(趣味や愛好する小説、映画、マンガ作品など、ユーザーの関心事に応じた情報交換の場。本論で取り上げている「インターネット・コミュニティ」とは別の、mixi 独自の用語である)を作成することで、コミュニティの規模確保(情報入手機会の拡大)と情報需要の吸収をするサービスを提供している。今後の SNS サイトは従来の掲示板形式には無い、そうした柔軟な機能とユーザー同士の連携という SNS 本来の強みを活用したコミュニティ形成が期待される。

情報集積空間としての発展性

　最後に、3 章で取り上げた Wikipedia について触れてみよう。すでに述べた通り、巨大データベースとしての本質が見えてきたインターネットにとって、その機能(高速の検索と複製、再利用が容易な形でのデータ取り出し)と結びついたサービスの登場は必然的なものであった。その意味で Wikipedia はもっともインターネットの特質に向いた構造を持ったコミュニティであり、プロジェクトであったと言える。また Wiki の採用や匿名での編集が可能である事等、コンテンツ作成の敷居を低くしたことも、データベースとしての規模を広げる有効な手段であり、「インターネット上の百科事典」を構築するという同プロジェクトのコンセプトにうまく適合したものであった。その成果が 3 章で示した253言語、総項目数一千万という類例を見ない規模の情報量(しかも日々増え続けている)となって結実しているのだ。だが、成功の一方で課題もまた明確になってきている。Wikipedia の敷居の低さ、また誰もが編集に参加できるという特性は、事典として情報量とともに重要な要素である「信頼性」に大きな影響を与えている。その具体例についてはすでに 3 章において紹介したが、今後 Wikipedia はより規模を拡

大し、検索サイトと結びついてインターネット上で半ば公的情報として扱われるほどの影響力を獲得する可能性が大きい。その場合、これらの問題はより切迫した課題となって運営者であるWikimedia財団とコミュニティの参加者、そしてWikipedia利用者である我々の前に立ち上がってくるはずだ。そこで発生する「信頼性」の問題への一つの回答がCitizendiumであり、またScholarpediaであるが、Nupediaプロジェクトの失敗から推測できるように単にWikipediaから独立して「信頼できる著者による査読精度」のある百科事典プロジェクトを立ち上げるだけでは、それが直ちにWikipediaの抱える諸問題を解決する手段になるとは考えにくい。現に前掲の2プロジェクトはいずれもまだ数百〜数千本単位の記事数[3]に留まり、単純に記事数の点から見ればWikipediaに「圧倒」されているといえる。無論、量のみが百科事典サイトの価値を決定するわけではなく、またCitizendiumやScholarpediaの活動に意義が無いわけでもない。現時点におけるWikipediaの決定的弱点である「信頼性」の問題にメスを入れ、またその解決方法を模索することは、Wikipediaに反対する立場のユーザーだけではなく、インターネットユーザーの多くに望まれるものであろう。しかし、そのためにはWikipediaの持つ規模、圧倒的なコンテンツ数が持つ"集客力"にどうやって対抗していくかが重要な課題となる。それがなければ、おそらくどんなプロジェクトもWikipediaの陰に埋没した、「二番煎じ」的存在にしかならないだろう。Wikipediaの今後、もしくは「ポストWikipedia」を考える時、現在のWikipediaが持つその規模、そしてその規模がもたらした可能性を分析し、それをどのように活かし、そして置き換えていくかを検討しなくてはならない。

　本書3章ではそのための提案として、大学、研究機関による実名型百科事典をWikipediaと「併走」させる方法を提案した。単に（そして現時点でも存在するように）「〇〇大学のデータベースで××についての情報が調べられる」というようなバラバラで個別的、単立的な手法ではなく、検索の窓口としてあえてWikipediaを入り口として利用して貰い、既存の研究機関が蓄

えている正確で出典のはっきりした情報の提供と、Wikipediaの知名度、インターネットデータベースとしての利便性をバーターしようというものだ。

　これはまだまだ一つの提案にすぎない。だがその実現性はともかく、今後のインターネット百科事典を構想していく上では上述した「規模のメリット」をどう活かすか、そしてパラレルではなく（情報の作成自体は個々でもかまわない。問題はまずその利用方法とデータ形式を統一し、利便性の高いものにすることだ）統合されたインターフェイス、そして検索サービスとの結びつきが重要となろう。同時にそれは、「学術機関がインターネットというメディアにどのような形で情報を提供できるか（あるいはすべきなのか）」を検討する好機にもなると思われる。

第2節　今後の「インターネット上の創作環境」をめぐる課題

ウェブ発展の為の課題

　これまでに見てきたように、インターネット上の各サービスが持つ表現力、通信速度が飛躍的に向上した現在、コミュニティの活動やその結果として生み出される作品群、役割が出版、放送といった既存メディアと重複していくのは明らかであると言えよう。その一方で、インターネットの主要な機能（そして役割）である情報の蓄積と検索、そして高速かつ低コストでの複製、頒布機能がもつ利点はもはや無視できるものではないし、そうした環境下で、ニコニコ動画やmixiのユーザーがしてきたように、新たな需要とコンテンツ利用の方法を生み出すインターネットコミュニティが持つ意味も決して小さいものではない。と同時に、2章で取り上げたような問題（著作権やコミュニティの社会性ををめぐる外部メディアとのトラブル）が示すように、過度なアマチュアリズム（既存メディアの排斥）は外部からの阻害と内

部における閉塞感の他に何も生み出すことはないこともしっかりと認識する必要があろう。

　現在のインターネットコミュニティにおける創作活動は（時に彼らが敵視する）出版、放送等既存のメディアがこれまでに蓄積してきたコンテンツをその背景としているケースが多く、またコミュニティが展開されているサービスそのものが「既存の社会インフラ」に他ならないからだ。

　だがその一方で、（彼らもまた、インターネットコミュニティに対する警戒感を顕わにすることが往々にしてあるが）既存メディアの側も、インターネットコミュニティにおけるコンテンツの創作活動を自分たちの利益確保の為に排斥したり、あるいはコンテンツの利用だけを目的として軽々に扱ったりするべきではないだろう。たとえば、先に述べた利点と同時に、今日、例えば『2ちゃんねる』が数々のコンテンツを作りムーブメントを発生させてきたダイナミズムを、Youtubeやニコニコ動画が示した「見たいときに、見たい映像を他人と共有できる」という利便性を、Wikipediaの出現によって「ネットを使って物事を調べる」手法がごく短期間で変わってしまったその衝撃を、既存出版や放送メディアが果たして（これだけの短期間に）自ら獲得することができたであろうか？

　それから考えれば、昨今インターネットコミュニティと既存メディアの関わりとして取りざたされるウェブコンテンツの書籍化、ウェブムーブメントの取り上げも、認知の面で言えば一定の成果を上げているものの、まだまだ表層的な「交わり」でしかない。ケータイ小説のように商業的には成功しながら、既存メディアとの交流がコミュニティとその創作物の発展に寄与していないケースもある。また各動画サイトに見られる著作権を巡るトラブルの頻発とコンテンツホルダーとの対立、あるいはWikipediaでの「情報の信頼性」をめぐる問題が、インターネットにおける大きな検討課題となっている。しかし先にも述べた通り、それらの解決の鍵となるのはインターネットにおけるコンテンツ作成・需要の中心となっているコミュニティの活動とその成果を理解し、どう発展させていくかを検討することだ。それには出版、

放送といった既存メディア事業の側からはもちろん、日々インターネットを利用する我々、インターネットコミュニティに現在進行形で参加しているユーザー自身が積極的に情報の利用とコンテンツ創作に関わる環境を整備することに他ならない。

　電子書籍として、あるいは時間や距離を超えたコミュニケーションを可能にする通信手段として、登場以来インターネットが果たしうる役割はさまざまな形で語られてきた。

　そのインターネットが巨大なデータベース・ツールとしての本質を明らかにした今日、我々はより大量かつ多様な情報を、高速でしかも容易に編集可能な形で手に入れることができる。もはやインターネットは知識・技術を持った人間の独擅場でもなければ、マニアックかつ事情通で無ければ参加できない閉鎖的コミュニティの固まりでもなくなった。その登場から20年、国内での本格普及が始まってから10年余、この間インターネットはさまざまな紆余曲折を経つつ、その内部に膨大なコンテンツを蓄積してきた。そしてそれを本質的な意味で使いこなせる環境が整ってきた、その"きざし"が1章冒頭で挙げたWeb 2.0という概念が突き詰めるところであり、その具現化が本稿に取り上げてきた各コミュニティの登場とその変容である。

　そして今後必要とされるのは、こうした状況下におけるコンテンツと情報についての"指標"作りではないだろうか。

ウェブ内外が協力できる関係の構築に向けて

　この指標は文学面における「価値」判断を行うものではなく、あくまで大学や出版社など既存の研究機関、そしてメディアが持つコンテンツ作成、編集工程の流儀によって分類されるひとつのカテゴリ付け、Web 2.0のキーワードを使うなら「タグ」の一種として機能することがのぞましい。

　2章で述べたいわゆるGoogle的流儀とは異なる手法、異なる流儀によってインターネット上の情報を整理し、利用時の指針となる情報源、すなわち「文学ポータル」の登場が望まれる。

すでにインターネット上での作品テキスト化と公開、情報データの蓄積に関しては古典や日本語学の分野で学会、大学、研究室単位でのさまざまな試みが行われている。また『青空文庫』（http://www.aozora.gr.jp/）など、近現代文学分野でのテキスト化作品収集活動は、インターネット普及初期から行われてきた。今後は現代文学に関する研究や作家による実創作、出版（メディア化）といった現場の領域をふくめた、包括的な情報把握のための環境構築が必要となってくるだろう。そこで必要とされるのは、技術面はもとよりインターネットというデータベース内で一旦平坦（フラット）になっている情報をもう一度体系立てて構築する研究、編集のためのノウハウだ。コンピュータ技術やインターネットコミュニティとは違った論理と価値判断を行い、それからこれまで蓄積してきたコンテンツをどのようにインターネット上に移入し、またインターネット上の情報をどうやって他のメディアに移入していくかについての検討が真剣になされなければならない。それは自ずと、既存メディアや研究機関の側に、単にインターネットやその中のコミュニティを外側からあたかも人ごとのように批評し評価する態度だけではなく、自分たちには何ができるのかを明らかにすることを要求することでもある。インターネット自体が持つ情報データベースとしての利便性、Googleをはじめとした検索サービスが提示した情報利用のあり方、そしてWikipediaが見せた「誰でも参加できる」インターネット上の百科事典プロジェクトによる巨大な成果とその圧倒的な認知度。ここで明らかとなっているのは、「旧メディアの無力さ、無意味さ」ではなく、「ネット対旧メディア」という使い古された対立の構図でもない。本論で見たように、過渡期を迎えたインターネットというメディア、ひいては現在の我々にとっての情報環境、そして創作環境に対して、既存出版、放送、報道といった各メディアそして大学をはじめとした研究機関がどのような役割を果たすことができるのか、そして「自分たちは何者なのか」を明確にできるのかといった、「自分たちには何ができるのか」を、新参のインターネット側だけではなく、既存のメディア側も示す必要のある時期に入りつつある、という点だ。たとえ

ばWikipediaの問題を見ても、情報の信憑性の精査、そして「どれを取り上げ、またどれを取り上げないか」、「取り上げた情報をどのような切り口で見せるのか」即ち情報メディアにおける編集の役割など、既存メディアが存在感を示すことのできる領域は多く存在する。その中でテレビには、新聞には、出版には、大学には、そして「文学」には何ができるのか。結局のところ、問題は単純なインターネットとそれ以外のメディアの対立（あるいは冒頭に挙げたスタートレックのエピソードのような人間とコンピュータの対立）という問題ではなく、それら2つの領域が、それぞれ違う立場から、どのように今日の情報メディアを、創作環境を実り豊かなものにするか、その一点に向かって"協業"することができるか、という点だ。インターネットの可能性とその方向が明確になり、またその規模的膨張が一段落したことでメディアとしては"踊り場"の位置にある現在こそ、逆に旧来のメディアは自分たちの立ち位置を明確にし、インターネットの側にそれぞれのアイデンティティを持って逆提案していく、そうしたメディアとしての活気を持った構図を主導的に作り上げるチャンスなのではないか。

　対立点を持ち込んだり、互いをパラレルなメディアとして見るのではなく、自らの立ち位置を明確にしつつ、「お互いの中で自分たちには何ができるか」を真剣に考える協業の時代への移行。

　今後我々はどのような創作物を生み出し、インターネットという巨大なデータベースにどのような命（情報）を吹き込んでいくことができるのか。それはひとえにこの「協業」の関係を築けるかどうかにかかっていると言えるだろう。

注

1) 例えば2004年に開設された『電車男』まとめサイト（http://www.geocities.co.jp/Milkyway-Aquarius/7075/trainman.html）も、通常のホームページ開設サービス（Geocity）を利用している。このようなホームページを利用する場合、編集には管理者権限（ホームページの編集や改変を行なうことのできる権限。通常はホームページの所有者が持つように設定されている）が必要で、Wikiやブログサイトに比べてパスワードや編集差し分の管理が困難である等、多人数でのサイト管理や編集に向かないという欠点がある。

2) マスメディア等ではインターネットのサイトあるいはコミュニティの活動を指して「仮想空間」あるいは「仮想社会」と呼び、その対極に会社や学校、地域等のインターネット外の社会や人間関係を「現実社会」と位置付けて論じられることがあるが、インターネット上での発言や活動もそれを行った人物の「現実の」価値観や行動に基づいたものである以上、そこで生じる人間関係や結果（ポジティブなものも、ネガティブなものも）は決して「仮想＝フィクション」ではない。これに対しては本来「インターネット内の人間関係」「インターネット外の人間関係」として定義すべきであって、「現実」の反対の意味合いで「仮想」という言葉を使うことは明らかに実状を反映していないと言える（インターネット＝電子空間＝バーチャルリアリティ、というイメージ連想からくる——あるいは意図的な——誤解であるかもしれないが、語の用法と実体との乖離が大きい言葉であると言える）。

3) 2008年9月時点で、「Citizendium」の項目数は8100（同プロジェクトFAQページ http://en.citizendium.org/wiki/CZ:FAQ より）、Scholarpediaは480となっている。なお、Scholarpediaの項目数については同プロジェクトが取り扱い分野を「計算神経科学」、「力学系」、「コンピュータ知能」、「天体物理学」の4分野に限定していることも付記して置かなければならないだろう。

参考文献　（編著者名五十音順）

『パソコン通信ハンドブック』　アスキームック　1985年4月
『パソコン通信ハンドブック　実践編』　アスキームック　1985年12月
石原千秋『ケータイ小説は文学か』　ちくまプリマー新書　2008年6月
『國文学』　學燈社　2008年4月号　2008年4月
梅田望夫『ウェブ進化論』　筑摩新書　2006年2月
小川浩・後藤康成『Web 2.0 BOOK』　インプレス　2006年3月
小川浩・後藤康成『図解 Web 2.0 BOOK』　インプレス　2008年8月
江下雅之『ネットワーク社会　パソコン通信が築くコミュニティ』　丸善ライブラリー　1994年5月
『季刊・本とコンピュータ』「季刊・本とコンピュータ」編集室　1998年春号　1998年4月
『季刊・本とコンピュータ』「季刊・本とコンピュータ」編集室　2000年冬号　2000年1月
Katie Hafner and Matthew Lyon『インターネットの起源』　アスキー　2000年7月
菅谷昭子『メディア・リテラシー──世界の現場から─』　岩波新書　2000年8月
筒井康隆『朝のガスパール』　新潮文庫　1995年8月
電通総研『情報メディア白書　2008』　ダイヤモンド・グラフィック社　2008年1月
中野独人『電車男』　新潮社　2004年10月
２ちゃんねる監修『２ちゃんねる公式ガイド　2002　コアマガジン』　2002年8月
ハッカージャパン編集部・編『２ちゃんねる中毒』　白夜書房　2002年7月
徳久勲『情報が世界を変える』　丸善ライブラリー　1991年11月
山本まさき・古田雄介『ウィキペディアで何が起こっているのか　変わり始めるソーシャルメディア信仰』　オーム社　2008年9月
ひろゆき『２ちゃんねるはなぜ潰れないのか？　巨大掲示板管理人のインターネット裏入門』　扶桑社新書　2007年7月
ペッカ・ヒマネン／リーナス・トーヴァルズ／マニュエル・カステル　訳・安原和見／山形浩生『リナックスの革命』　河出書房新社　2001年5月
本田透『なぜケータイ小説は売れるのか』　ソフトバンク新書　2008年2月
牧野和夫・西村博之『２ちゃんねるで学ぶ著作権』　アスキー　2006年7月
Mark　Stefik・編著　『電網新世紀　─インターネットの新しい未来─』　パーソナルメディア社　2000年1月

櫻庭 太一（さくらば たいち）

1975年　千葉県生まれ
1999年　専修大学文学部国文学科卒業
2003年　専修大学大学院日本語日本文学科修士課程修了
2009年　同博士後期課程修了　専門は日本現代文学、現代メディア論

インターネット文化論──その変容と現状

2010年2月26日　第1版第1刷

著　者　　櫻庭 太一

発行者　　渡辺 政春

発行所　　専修大学出版局
　　　　　〒105-0051 東京都千代田区神田神保町3-8
　　　　　　　　　（株）専大センチュリー内
　　　　　電話　03-3263-4230（代）

印　刷
製　本　　電算印刷株式会社

©Taichi Sakuraba 2010 Printed in japan
ISBN 978-4-88125-242-0